JN093588

最初からそう教えてくれればいいのに!

図解! アルゴリズムのツボとコツがゼッタイにわかる本

中田 亨 著

ダウンロードファイルについて

本書での学習を始める前にサンプルファイル一式を、秀和システムのホームページから本書のサポートページへ移動し、ダウンロードしておいてください。ダウンロードファイルの内容は同梱の「はじめにお読みください.txt」に記載しております。

秀和システムのホームページ

ホームページから本書のサポートページへ移動して、ダウンロードしてください。

URL　https://www.shuwasystem.co.jp/

はじめに

この本は、これからプログラミングを学びたい未経験者や、少しプログラミングに触れたことのある入門者、そしてプログラミング的な思考を学びたい学生・社会人を対象としたアルゴリズムの入門書です。

この本の目的

言語の種類を問わず、プログラミングにアルゴリズムを適用できるようになるための基礎力を身に着けることが目的です。

この本で学べること

アルゴリズムを理解するために必要な基礎知識（変数や配列、関数など）と、アルゴリズムの基本であるデータの並べ替え（ソート）を学ぶことができます。

この本の特徴

文章だけの解説はほとんどなく、「何をどんな順番でどうする？」を理解しやすいようにイラスト図解をたくさん取り入れています。

すぐに試せるサンプルプログラム

特別なプログラミング環境がなくてもパソコンのブラウザさえあればすぐに試せるJavaScriptのサンプルプログラムを専用サイトからダウンロードしていただけます。

JavaScriptを学んでみたい方へ

サンプルプログラムを書き換えたり、気軽にプログラミングを経験してみたい方は、本書と同じシリーズの「図解！ JavaScriptのツボとコツがゼッタイにわかる本 "超"入門編」をご活用ください。

本書の構成

前半で基礎知識を、後半でアルゴリズムを解説しています。

基礎知識編

Chapter01…アルゴリズムって何？

Chapter02…変数と配列

Chapter03…アルゴリズムでよく使うデータ構造

アルゴリズム編

Chapter04…基本的なアルゴリズム

Chapter05…再帰的アルゴリズム

Chapter06…ソートアルゴリズム

本書で得たアルゴリズムの考え方が実際のプログラミング学習の中で活かされ、多くの方にプログラミング的な思考に親しんでいただければ幸いです。

中田　亨

本書の使い方

本書で解説するアルゴリズム（Chpater04 〜 Chapter06）は、JavaScript版のプログラムを秀和システムのサポートページからダウンロードできます。

秀和システムのホームページ

ホームページから本書のサポートページへ移動して、ダウンロードしてください。

【URL】
https://www.shuwasystem.co.jp/

ダウンロード可能なファイルの一覧

・Chapter04…Chapter04のプログラムを収録しています。
・Chapter05…Chapter05のプログラムを収録しています。
・Chapter06…Chapter06のプログラムを収録しています。

※プログラムの取り扱いに関しては、ダウンロードデータに含まれる「はじめにお読みください.txt」を参照してください。

プログラムの実行方法（図はGoogle Chromeの場合）

①ブラウザを起動する

②開発者ツールを起動する

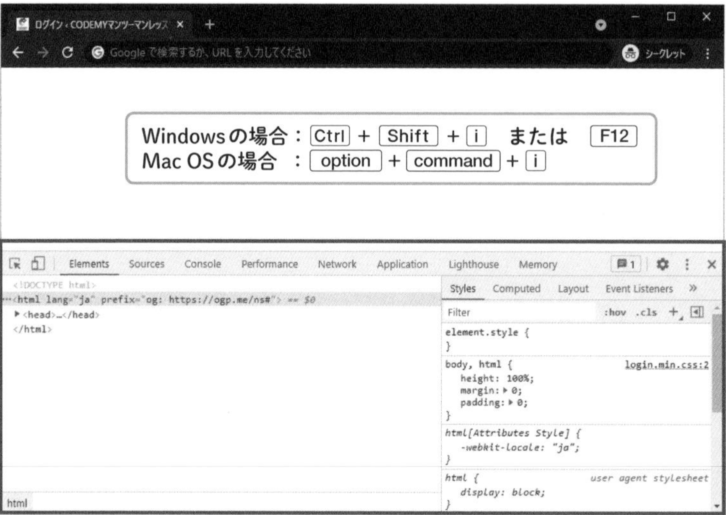

③コンソールに切り替える

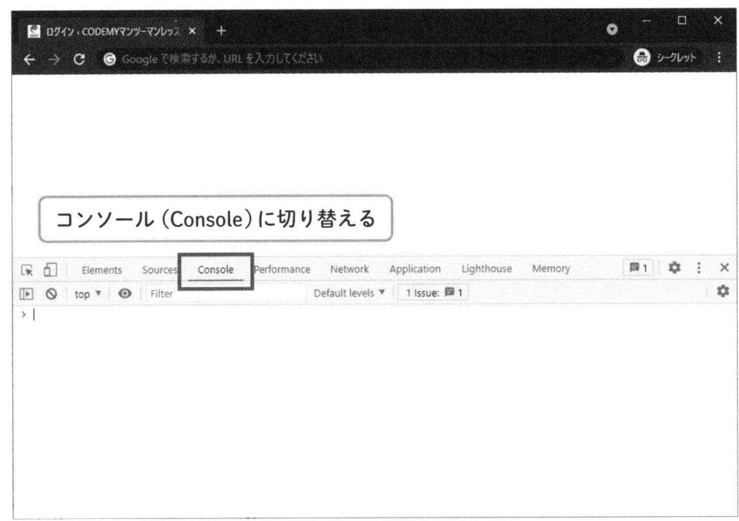

④プログラムのソースコードを貼り付けて実行する

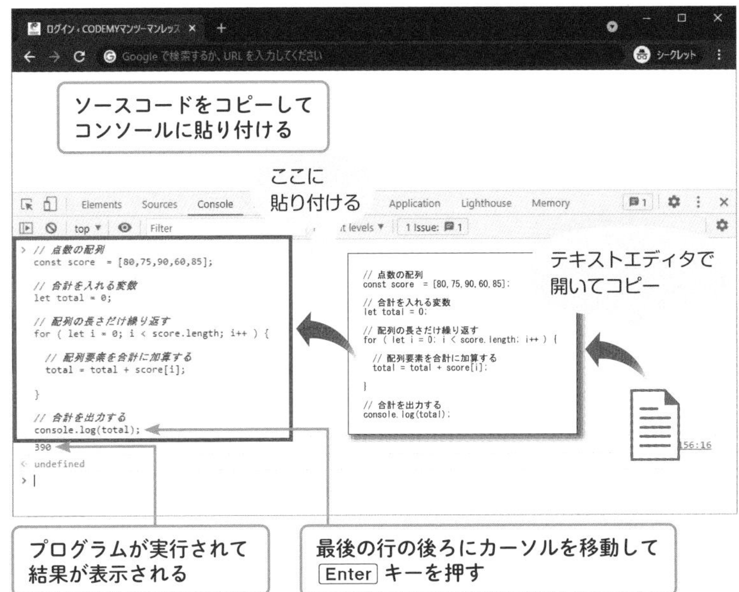

Chapter 01 アルゴリズムって何？

Chapter
02 変数と配列

Chapter 03 アルゴリズムでよく使うデータ構造

Chapter 04 基本的なアルゴリズム

Chapter 05 再帰的アルゴリズム

Chapter 06 ソートアルゴリズム

アルゴリズムって何？

Chapter 01

アルゴリズムとは？

問題を解決するための処理手順

アルゴリズムとは、**問題を解決するための手順や計算方法のこと**です。たとえばインターネットでカフェを探すと、全国のカフェがランダムに表示されるのではなく、自分が住んでいる地域に近いカフェが優先的に表示されます。また、YouTubeのサイトに行くと、自分がよく観ている動画と同じジャンルの動画が自動的に選ばれて表示されます。

これらの仕組みは「インターネットを利用する人が知りたいと思っている情報を効率よく探せるためにはどうすればよいか？」という問題を解決するために、端末の位置情報やクッキー技術などをコンピューターのプログラムで解析することによって実装されており、大雑把に次のような手順で行われていることが推測されます。

【カフェを検索したとき】

①端末から送られる位置情報などを参照してユーザーの地域を調べる。②インターネット上に存在する無数の情報の中からカフェに関する情報を検索する。③その中からカフェの所在地に関する情報を取り出す。④カフェの所在地とユーザーの地域を照合して、ユーザーの地域に近い情報を選び出す。

【YouTubeのサイトを開いたとき】
①ユーザーがよく見ている動画の傾向を分析し、ユーザーが何に興味・関心を持っているかを調べる。②膨大な量の動画の中からユーザーの興味・関心に近い内容の動画を選び出す。

ユーザーの地域や興味に基づいた情報を表示する

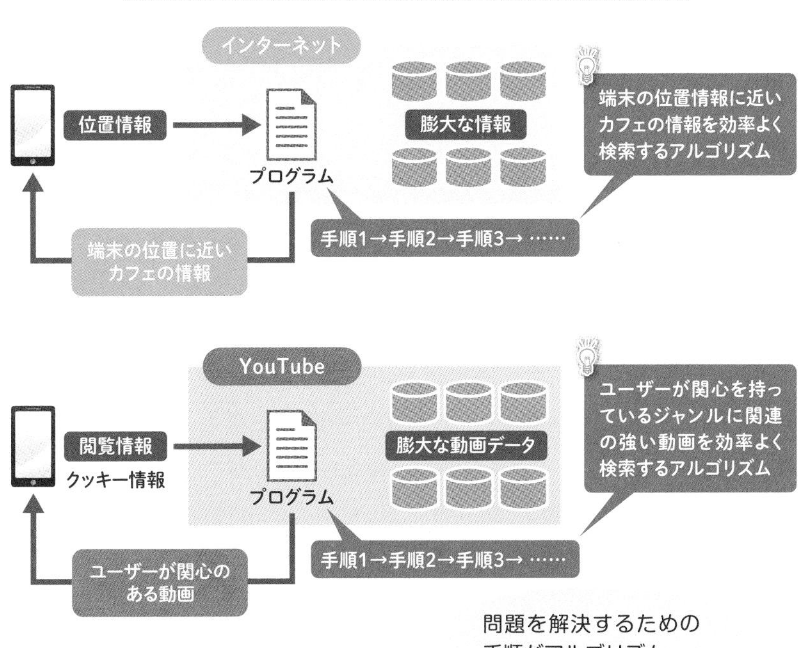

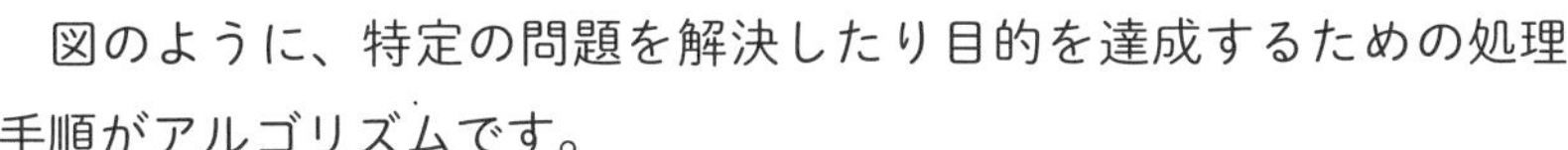

図のように、特定の問題を解決したり目的を達成するための処理手順がアルゴリズムです。

Chapter 01

日常生活で無意識に使っているアルゴリズム

お釣りの枚数

買い物で店員がお釣りを渡すとき、紙幣や硬貨の枚数が最小になるように考えて渡します。たとえば660円の商品を買うとき1000円札を出すとお釣りは340円ですが、店員は100円硬貨を3枚、10円硬貨を4枚渡すでしょう。決して10円硬貨を34枚渡すようなことはしないでしょう。自動販売機で飲み物を買うときも同じように、硬貨の枚数がなるべく少なくなるような組み合わせでお釣りが出てきます。

自動販売機はお釣りを選び出すアルゴリズムをコンピューターのプログラムで実行しますが、私たち人間も同じようなアルゴリズムを頭で考えて生活の中で活用しているわけです。

お釣りの枚数を最小にするアルゴリズム

お釣りの枚数が最小になる組み合わせを求めるには、右の手順の通りにたどっていくと自動的に答えが出てきます。たとえばお釣りが340円の場合は手順1～手順3を2回繰り返したところで硬貨の組み合わせが決まり、お釣りが605円の場合は手順1～手順3を3回繰り返したところで硬貨の組み合わせが決まります。

お釣りの枚数が最小になるアルゴリズム

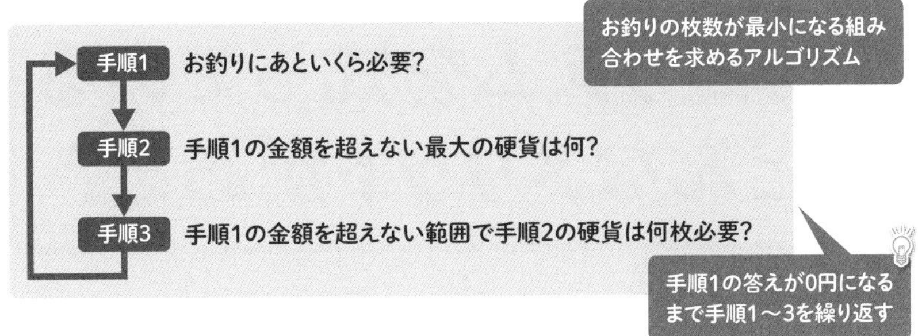

お釣りが340円の場合

	1回目	2回目	3回目
手順1	340円	40円	0円
手順2	100円	10円	
手順3	3枚	4枚	

お釣りが605円の場合

	1回目	2回目	3回目	4回目
手順1	605円	105円	5円	0円
手順2	500円	100円	5円	
手順3	1枚	1枚	1枚	

必ず答えがでてくるよ

Chapter 01

アルゴリズムを知っているとどんなメリットがある？

業務効率の向上や経営計画の最適化に役立つ

製造業の工場では、原料・設備・労働力の配分が利益を左右しますが、どのように配分すれば利益を最大化できるでしょうか？

飲食店では人件費をどれだけ抑えられるかがお店の利益を左右しますが、何名雇ってどのようなシフトを組めば利益を最大化できるでしょうか？

運送業では、輸送にかかるコストが利益を左右しますが、倉庫と配送先をどのような順番で回れば輸送コストを最小化できるでしょうか？

このように、たくさんの要素が絡んだ問題を頭で計算して答えを導き出すのはとても難しいことですが、**線形計画法**という数学理論に基づくアルゴリズムをプログラミングに応用すると、このような問題をコンピューターによる計算で機械的に解くことができます。

つまり、アルゴリズムを学ぶと、実社会における業務効率の向上や経営計画の最適化に役立てることができるのです。

数学的理論に基づくアルゴリズムの応用

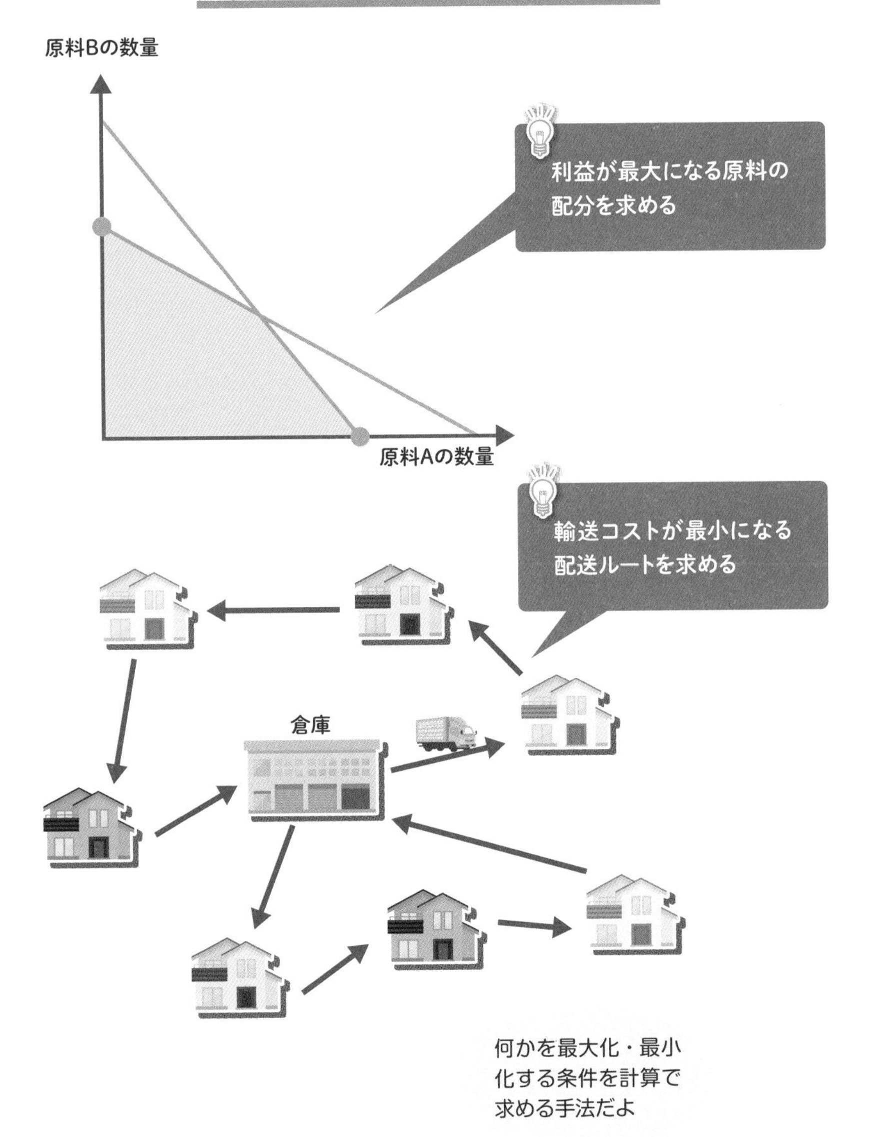

何かを最大化・最小化する条件を計算で求める手法だよ

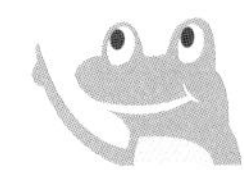

アルゴリズムとプログラミングの関係

プログラミングにおける重要性

プログラミングとは、ビジネスの課題を解決することを目的として、新しいシステムやアプリケーションを開発したり機能を追加するためにプログラムを作成するプロセスを指します。

しかし、解決できさえすればどのようなプログラムでもよいというわけではありません。たとえば1から100万までの数字を合計するのに10秒かかるアルゴリズムAと、10分かかるアルゴリズムBを採用したプログラムがあったら、どちらのプログラムが優れているかは明らかでしょう。

同じ結果が得られるプログラムでも、無駄が少なくて効率のよい手順で書かれたプログラムのほうが短時間に多くの処理を行えます。また、プログラムを記述するコードも少なくて済むので、不具合が起こる確率も下がり、プログラムの品質が向上します。効率のよいアルゴリズムを取り入れたプログラムは、システムやアプリケーションの品質を向上させ、世の中の役に立ちます。

そのためには、効率のよいアルゴリズムを知っていることが不可欠です。ここに、アルゴリズムを学ぶ意義があります。

アルゴリズムはプログラムの品質に関わる

すごく時間が
かかってしまう

10分

ゴール

処理6

処理5

処理3

処理2

処理4

処理1

スタート

効率が悪いアルゴリズム

私のほうが
優れている

10秒

ゴール

処理3

処理2

処理1

スタート

効率が良いアルゴリズム

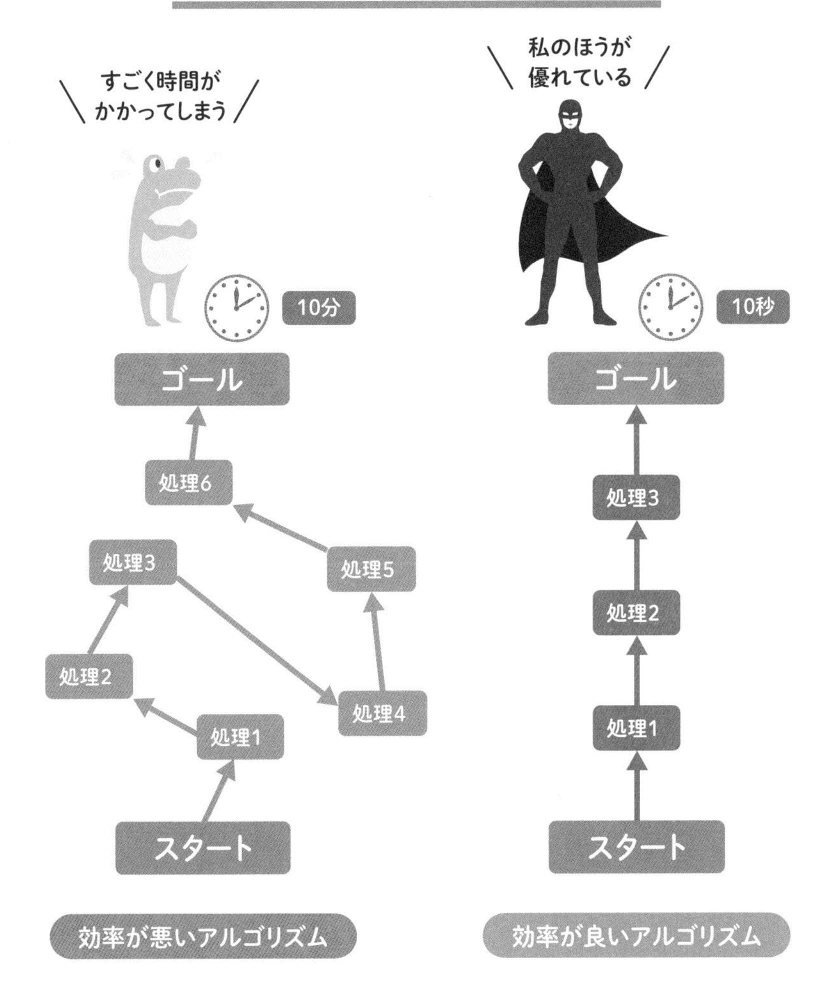

アルゴリズムの選択
はプログラムの処理
効率に影響するよ

Chapter 01

構造化プログラミング

難しい問題を解くためには？

難しい大きな問題を解くためには、簡単な小さな問題に分割して個別に解いていく方法が有効です。この考え方を**分割統治法**と呼び、ソフトウェア開発の分野でよく使われています。複雑な機能をたくさん備えたソフトウェアでも、小さな機能に分割して多くの人で分担すれば、一人で作るよりも効率よく開発できるメリットがあるからです。

構造化プログラミングとは？

構造化プログラミングとは、1969年にオランダのコンピューター科学者エドガー・ダイクストラの論文で提唱された概念で、現在では分割統治法の考え方を取り入れたプログラミング方法として広く理解されています。

構造化プログラミングでは、**順接・反復・分岐**という3つの制御構造を使ってプログラム全体を小さく整理された構造に分割し、それらを組み合わせて全体を構成します。

そうすることで、プログラムの規模が大きくなっても正しく動作するかどうかを検証しやすくなり、正しく動作しなかった場合はどこに間違いがあるのかを特定しやすくなります。

分割統治法の考え方

大きな問題

いきなり
大きな問題は
解けない

中くらいの問題　中くらいの問題

小さな
問題なら
解ける

小さな問題　小さな問題　小さな問題　小さな問題

解決　解決　解決　解決

解決　解決

解決

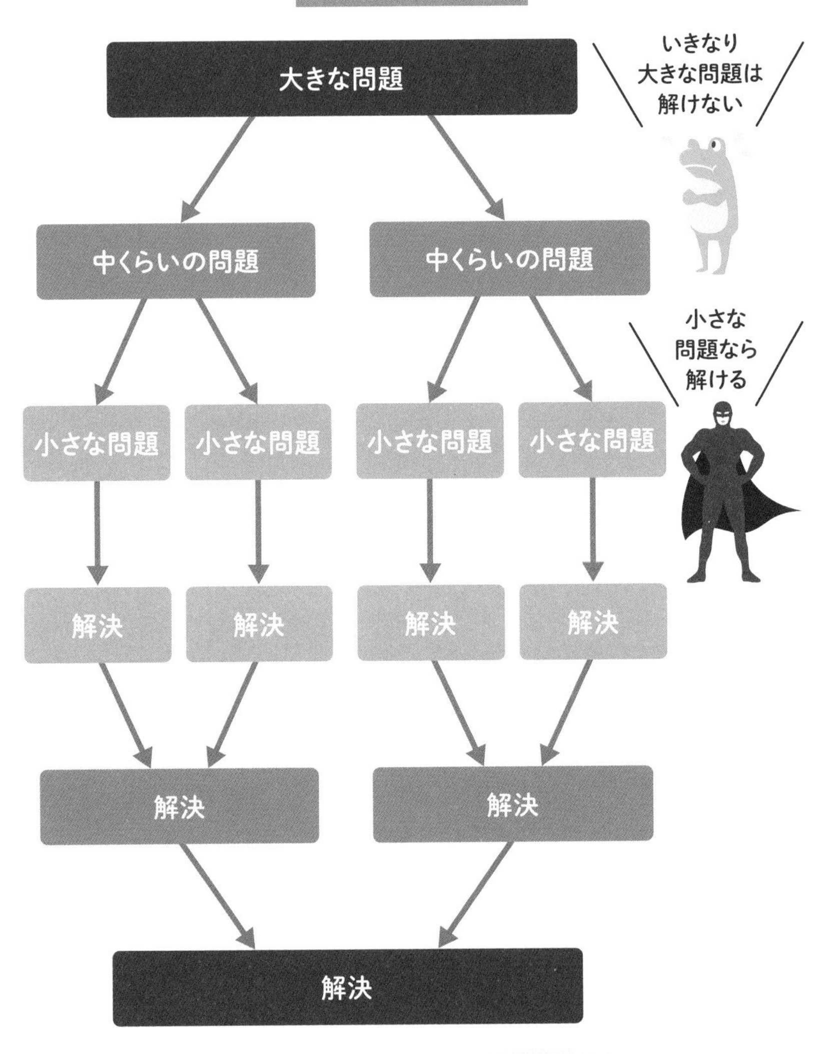

大きな問題を小さな
問題に分割するのが
ポイント

3つの制御構造

プログラムの流れを矢印で表すと、「順接・反復・分岐」は右の図のような形をしています。

順接

川の水が上流から下流へ流れるように、プログラムの処理を上から下へ順番に実行する制御を順接と呼びます。

反復

指定された条件が成立している間だけ一定の処理を何度も繰り返し実行する制御を反復と呼びます。

分岐

指定された条件が成立する場合と成立しない場合とでプログラムの流れを分ける制御を分岐と呼びます。

制御構造は入口と出口を持った箱のような形をしています。箱同士の入口と出口をつないだり、箱の中に箱を入れたりして階層化していくと、大きなプログラム構造が出来上がります。

3つの制御構造と階層化

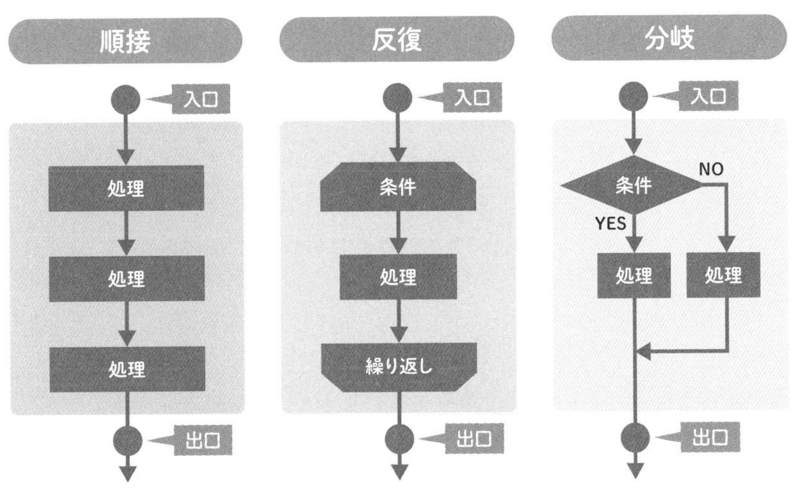

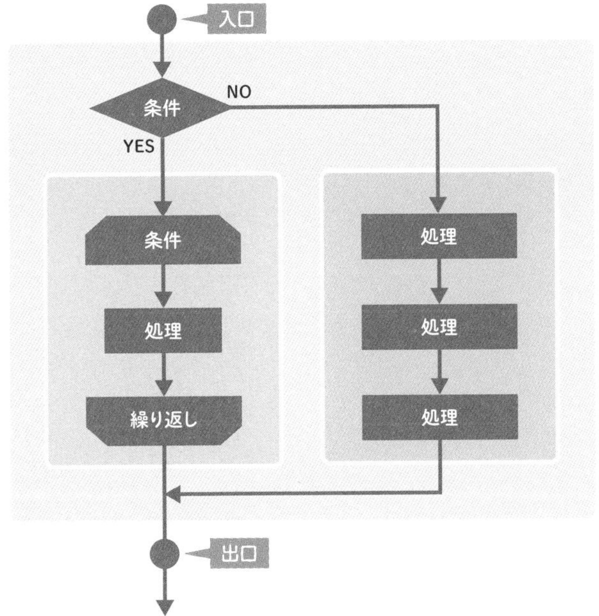

小さな構造を
組み合わせて
プログラムを
組み立てるよ

アルゴリズムで相手が思った数字を言い当ててみよう

相手が心に思った数字を一番少ない回数で言い当てるゲームをしてみましょう。ルールは次の通りです。相手に1から100の間の数字をひとつ思い浮かべてもらい、あなたは適当な数字を言います。そして相手には、思い浮かべた数字があなたが言った数字よりも「大きい」か「小さい」かを答えてもらいます。これを繰り返していくと、必ず6回以内に言い当てることができるのですが、どうすればいいでしょうか？

相手が37を思い浮かべたとしましょう。あなたは最初に全体のちょうど半分の「50ですか？」と聞きます。すると相手は「小さい」と答えるので、次はさらに半分の「25ですか？」と聞きます。相手は「大きい」と答えるので、次は50と25のちょうど半分の「37ですか？」と聞きます。この場合は3回で言い当てることができますが、相手がどんな数字を思い浮かべたとしても、**答えが含まれている範囲のちょうど中央の数字**を言っていくと、必ず6回以内に言い当てることができます。

このゲームはChapter03で学ぶ二分探索木というデータ構造の応用なのですが、このアルゴリズムを使うと、範囲を1から10000までに広げても13回以内に言い当てることができます。範囲が100倍に増えても、言い当てるまでにかかる回数は2倍くらいしか増えないところにアルゴリズムの巧妙さを感じられるのではないでしょうか？

変数と配列

Chapter 02

データを表す「値」

式(しき)と値(あたい)

コンピュータープログラムで、処理の対象となる単一のデータを数値や文字といった形で表したものを**値（あたい）**と呼び、値を計算で求めたり大小を比較したりするための表記を**式（しき）**と呼びます。

たとえば、1個100円のリンゴを3個と1個150円のナシを2個買ったときの合計金額を求める式は(100 × 3) + (150 × 2)と表記できます。式の中で登場するひとつひとつのデータ「100」「3」「150」「2」が値です。

プログラムで式を計算することを「評価する」と呼び、式を評価すると値が得られます。右ページの式を評価すると600という値が得られます。

値は数えられるものだけではありません。チャットアプリの会話でやりとりするひとつひとつのメッセージも値です。

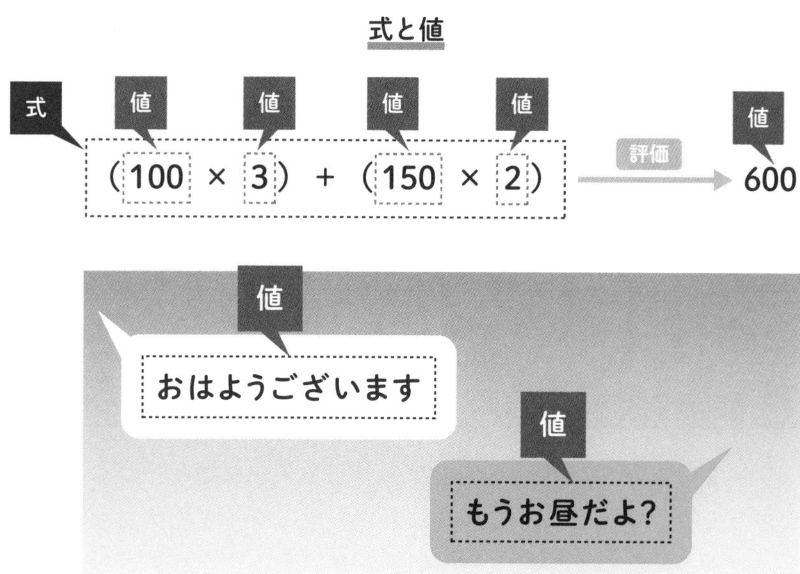

ひとつひとつの
データが値だよ

Chapter 02

データの種類を表す「型」

型（かた）

プログラミングにおけるデータの種類をデータ型と呼びます。プログラミング言語によって扱うことのできるデータ型は異なりますが、金額や個数などを表す「数値型」、チャットアプリのメッセージのようにつながった文字を表す「文字列型」、真（しん）と偽（ぎ）と呼ばれるどちらかの値をもつ「論理型」、日付や時刻のデータをもつ「日付型」などがあります。

数字と数値

プログラミングの世界では、足したり引いたりして計算できる数量を数値（すうち）と呼び、単なる文字として扱うときは数字（すうじ）と呼んで明確に区別します。

たとえば、2021という値が数値（数値型）なのか文字列（文字列型）なのかは見た目では区別ができません。そこで、プログラミングでは一般に、"2021"または'2021'のように"（二重引用符）または'（引用符）を使って文字列であることを表します。

- 2021は数値（数値型なので計算できる）
- "2021"は数字（文字列型なので計算できない）

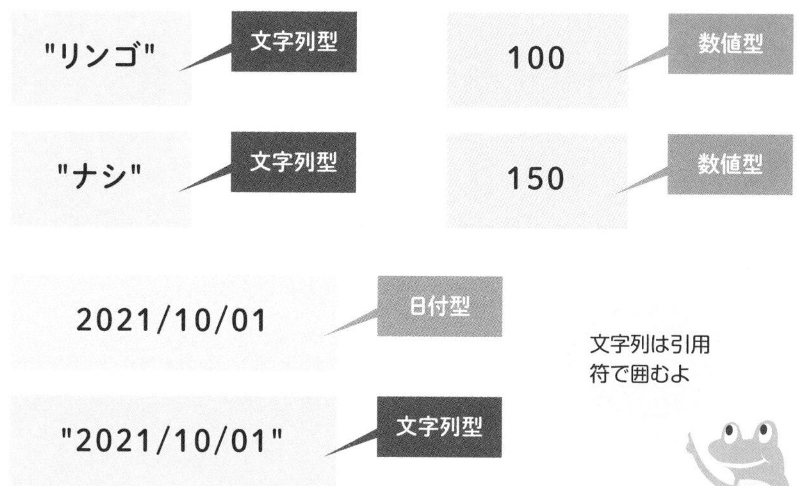

文字列は引用
符で囲むよ

主なデータ型

データ型	内容	例
数値型	整数値(小数を含まない)を扱うデータ型	0, 1, -10, 150, -999
実数型	実数値(小数を含む)を扱うデータ型	0.1, 3.14, 95.23
文字型	1文字を扱うデータ型	A, B, C, り, ん, ご
文字列型	文字列を扱うデータ型	ABC, りんご
論理型	「真」および「偽」を扱うデータ型	true, false
日付型	日付や時刻を扱うデータ型	2021/10/01, 2021/10/01 19:23:31

Chapter 02

データを入れる箱を表す「変数」

変数(へんすう)

プログラムで扱うデータを一時的に記憶させておくための領域に名前をつけたものを**変数**と呼び、変数の名前を**変数名**と呼びます。名前がついた箱の中にデータが入っている様子をイメージするとよいでしょう。

変数の初期化

プログラムは変数を対象に処理を行うので、プログラムでデータを扱うときは、先にデータを変数に入れておく必要があります。そのため、プログラムで変数名を宣言するときは最初の値（**初期値**）を入れておく必要があります。これを変数の**初期化**と呼びます。

変数の特徴

変数の特徴は、何度でもデータを入れたり出したりできることです。たとえば、150という初期値が入った変数にあとから160を入れると、最初に入っていた150は消えてなくなり、変数の値は160に変わります。

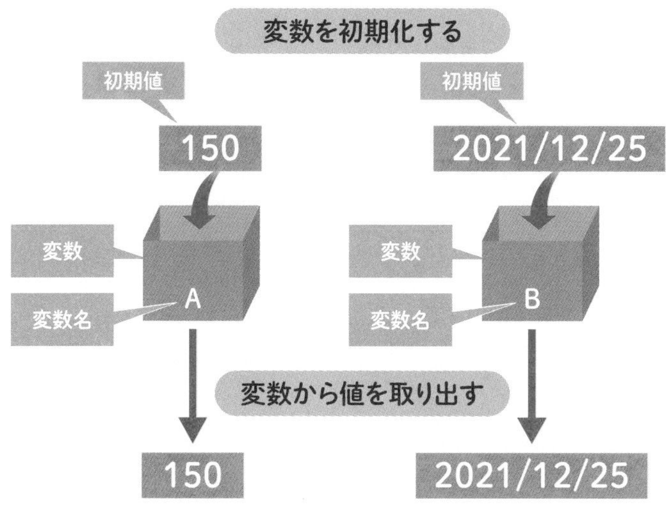

変数は初期化してから使うよ

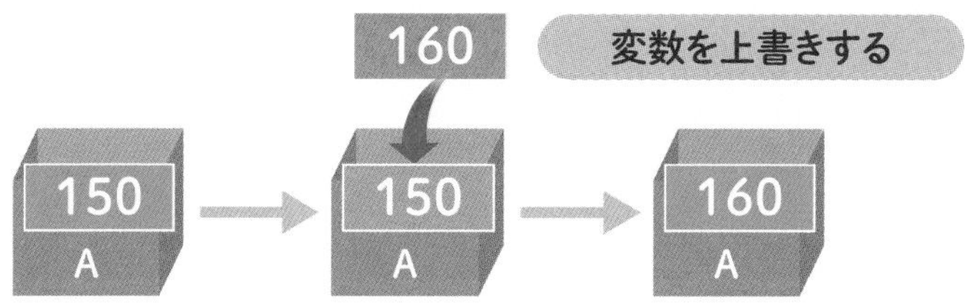

Chapter 02

データを変数に入れる「代入」

データを箱に入れる

変数にデータを入れることを代入（だいにゅう）と呼びます。たとえば変数Aに80を代入するには、80→AまたはA←80のように、矢印を使って代入の方向を表します。

変数の代入

変数には値だけでなく別の変数を代入することができます。たとえば変数Aの値を変数Bに代入するには、A→BまたはB←Aのように記述します。変数Aの値が80で変数Bの値が75の場合、A→Bを行うと、Bの値が80に変わります。

このとき、変数Aの値が変数Bへ移動するのではなく、Aに入っている値のコピーがBに代入されるので、Aの値は変わりません。

計算結果の代入

変数には計算結果を代入することができます。たとえば5+3の結果を変数Aに代入するには、5+3→AまたはA←5+3のように記述します。計算式に使っている変数に計算の結果を代入することもできるので、A+1→Aと記述すると「Aの値を1増やす」という意味になります。

代入のイメージ

80 → A
80
代入
A
80
A

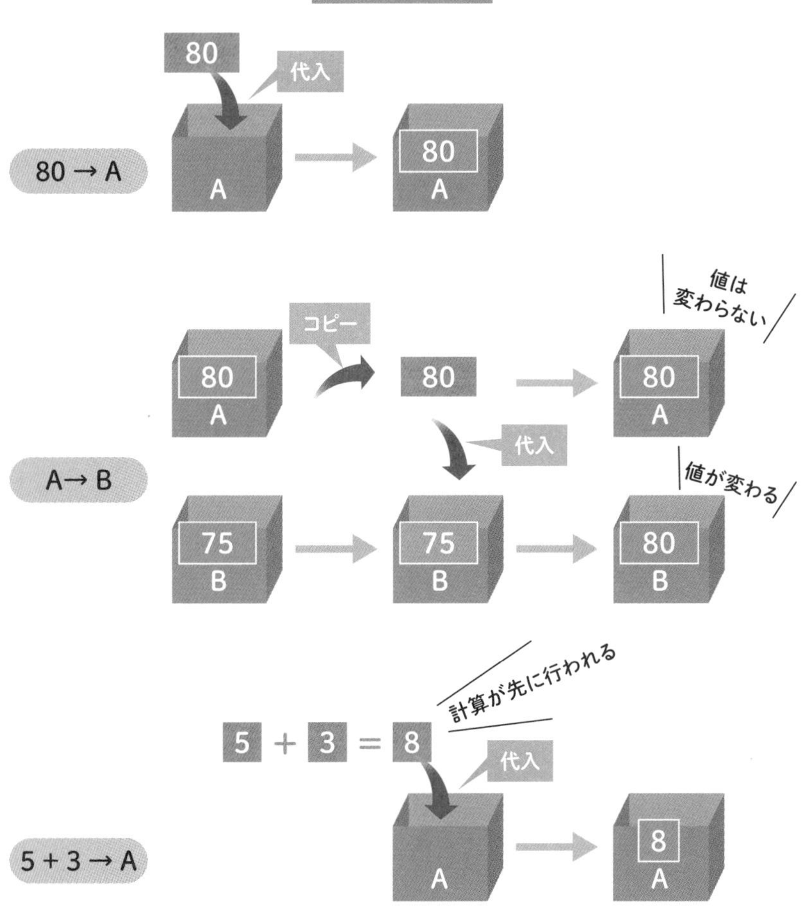

A→ B
コピー
80
A
80
80
A
値は
変わらない
代入
75
B
75
B
80
B
値が変わる

5 + 3 → A
5 + 3 = 8
計算が先に行われる
代入
A
8
A

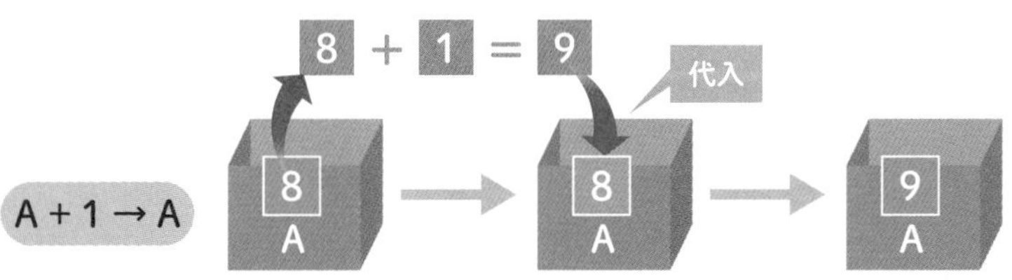

Chapter 02

大量のデータをまとめて入れる「配列」

配列（はいれつ）

変数にはひとつの値しか入れることができないので、「従業員全員の給与データをまとめて管理したい」とか、「学校でクラス全員のテストの点数をまとめて管理したい」といった場合、人数分だけ変数を用意して別々の変数名をつけなければなりません。また、人数が変わるたびにプログラムに変数を追加しなければならないので、とても不便です。

そのような場合に役立つのが**配列**です。配列はたくさんの値をひとつの箱にまとめて格納したデータ構造です。

配列要素（はいれつようそ）

配列に格納されたひとつひとつの値を**配列要素**と呼びます。プログラムで配列の中から特定の配列要素を参照するには、配列名（配列の変数名）と、その要素が「配列の先頭から数えて何番目の箱に入っているか」を表す番号を使います。配列要素の場所を指す番号を、**添字（そえじ）**と呼びます。

添字は0から始まる場合と1から始まる場合があり、プログラム言語によって異なります。たとえば添字が0から始まる言語の場合に、

N個の要素をもつ配列Aの最初の要素はA[0]、2番目の要素はA[1]、最後の要素はA[N-1]と表します。

配列のイメージ

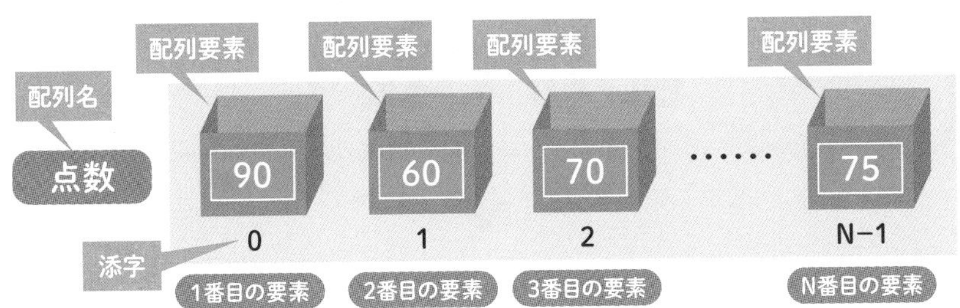

たくさんのデータが一列
に並んだデータ構造だよ

配列要素と添字

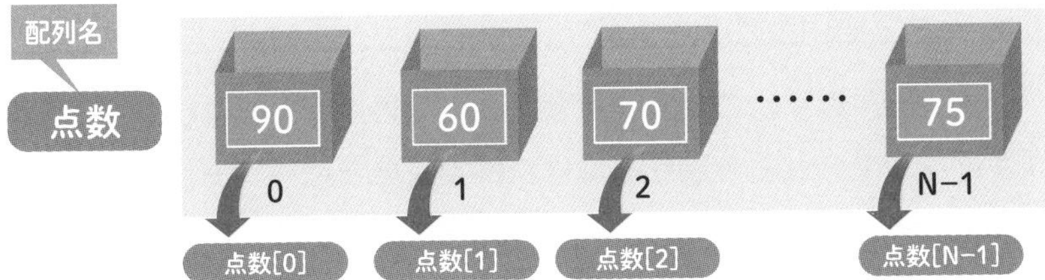

Chapter 02

文字列（文字の連続）を配列で表す

1文字ずつ分解して配列にする

文章の中から特定の単語を検索したり別の単語に置換するアルゴリズムでは、文字列を配列に置き換えて処理を行います。右の図のように、文字列はひとつひとつの文字を要素に持つ配列として表すことができます。こうすることによって、配列の何番目にどの文字が入っているのかを添字を使って調べていくことが可能になります。

文字列を検索するアルゴリズム

たとえば「青りんご赤りんご毒りんご」の中から「毒りんご」というキーワードの位置を調べるには、検索対象とキーワードを配列A,Bであらわし、Aの添字iを1ずつ後ろへずらしながらBの1文字目とA[i]が一致する場所を探します。すると、i=8のとき1文字目が一致します。

次に、2文字目以降が一致するかどうかを調べるために、iを動かすのをやめて、Bの添字jを1から3まで増やしながらB[j]とA[i+j]が一致するかどうかを調べていきます。全てのjについて一致したら、A[i]～A[i+3]の場所にキーワードが含まれていることになります。

文字列検索のイメージ

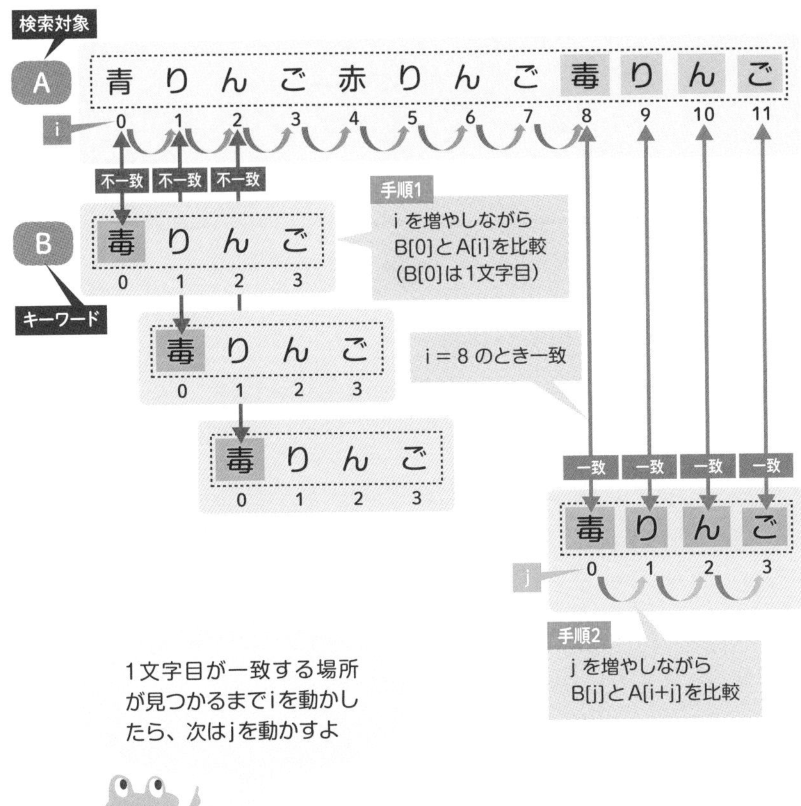

1文字目が一致する場所が見つかるまでiを動かしたら、次はjを動かすよ

Chapter 02

二次元配列

二次元配列(にじげんはいれつ)

時間割やマンションの部屋番号のように、縦にも横にも並んだデータをまとめて管理するとき、二次元配列を使います。二次元配列の要素はA[i][j]のように2つの添字を使って表します。iは「縦に何番目」、jは「横に何番目」を指す添字です。

右ページの配列Aはマンションの部屋番号を表し、A[0][0]は101号室、A[8][2]は903号室です。配列Bは時間割を表し、B[0][4]は金曜日の1時間目、B[5][1]は火曜日の6時間目です。

二次元配列のイメージ

A (i↓ / j→)	0	1	2	3
0	A[0][0]	A[0][1]	A[0][2]	A[0][3]
1	A[1][0]	A[1][1]	A[1][2]	A[1][3]
2	A[2][0]	A[2][1]	A[2][2]	A[2][3]
3	A[3][0]	A[3][1]	A[3][2]	A[3][3]

二次元配列の例

A

A	0	1	2	3	4	i
9階	901	902	903	904	905	8
8階	801	802	803	804	805	7
⋮	⋮	⋮	⋮	⋮	⋮	⋮
2階	201	202	203	204	205	1
1階	101	102	103	104	105	0

A[8][2]（903）
A[0][0]（101）
j →

B

B	月	火	水	木	金	i
1時間目	国語	体育	国語	国語	体育	0
2時間目	算数	音楽	算数	算数	音楽	1
3時間目	理科	家庭科	理科	社会	家庭科	2
4時間目	社会	社会	図工	理科	国語	3
5時間目	図工	国語	体育	図工	算数	4
6時間目	道徳	道徳	学活	道徳		5
j	0	1	2	3	4	

B[0][4]（体育）
B[5][1]（道徳）

二次元配列は添字を2つ使うよ

カフェの価格表を出力してみよう

カフェのメニューと価格を二次元配列にして、反復（29ページ）を使って価格表を出力する手順を考えてみましょう。

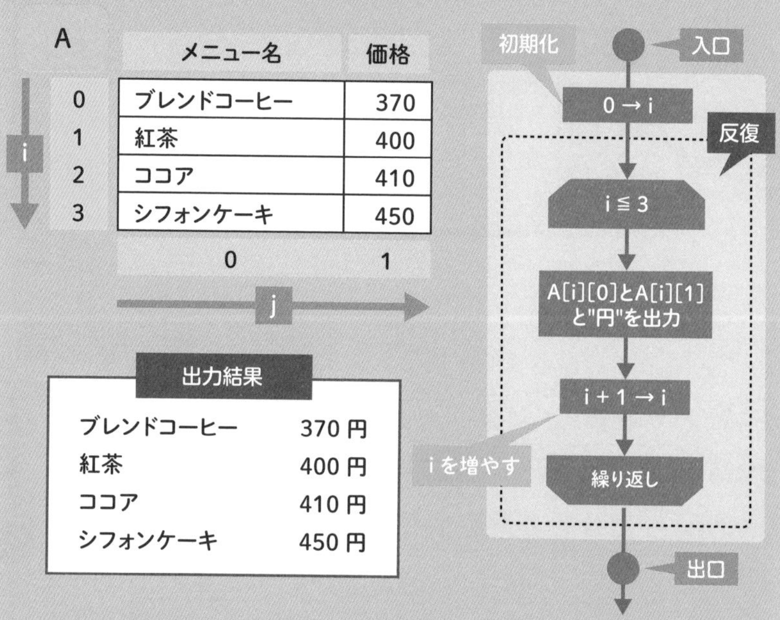

A[i][0]の列にはメニューの名前、A[i][1]の列には価格が入っているので、iを0から3まで増やしながらA[i][0]とA[i][1]の出力を繰り返すと、価格表が出力できます。

アルゴリズムで よく使うデータ構造

Chapter 03

「データ構造」ってどんなもの？

データ構造とは？

データ構造とは、コンピューターがデータの集まりを効果的に扱うことができるように、複数のデータの配置や関係性、データを操作するルールなどを定めたものです。それぞれのデータ構造には特徴や適した処理があるため、同じアルゴリズムを使っても、用いるデータ構造によってプログラムの複雑さや処理の効率に大きな違いが出てきます。

基本的なデータ構造

基本的なデータ構造は、「配列」「リスト」「スタック」「キュー」「ツリー」の5つです。

Chapter02で登場した配列は、要素を一列に並べたデータ構造です。リストは配列と形が似ていますが、格納できる要素の個数に制限がないため、データの個数が変化するアルゴリズムに適しています。スタックとキューはリストの一種ですが、データを出し入れする順番に特徴があります。ツリーは木構造とも呼ばれ、頂点にあるデータから枝分かれする形でデータを配置します。

基本的なデータ構造

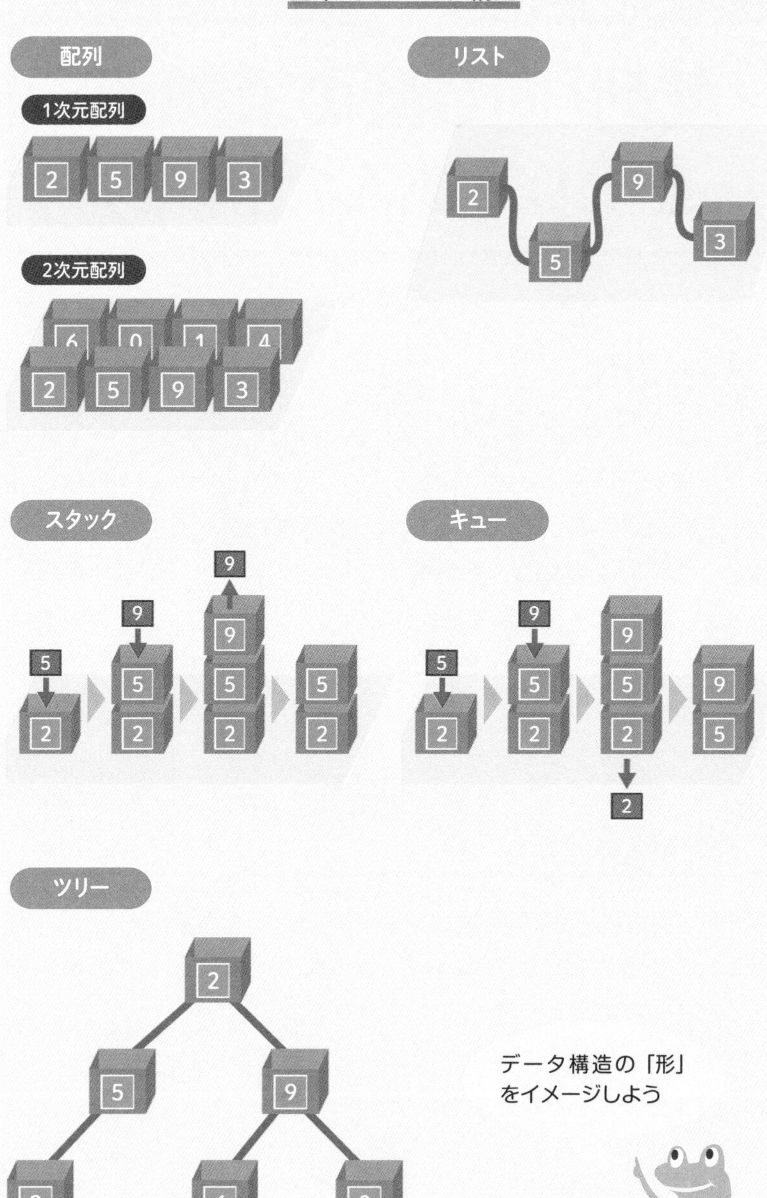

データ構造の「形」
をイメージしよう

Chapter 03

配列(同じ型の変数が連続して並んだ構造)

配列の特徴

プログラムで変数を宣言すると、コンピューターのメモリ上にデータを格納するための領域が確保されます。配列には同じ型のデータが格納され、同じ大きさのメモリ領域がそれぞれの要素に割り当たります。そのため、ある要素を参照するプログラムを実行するとき、コンピューターは配列の先頭から「添字×変数ひとつ分の領域サイズ」の場所から要素を取り出します。要素の個数がどんなに多くても、掛け算1回分の計算で要素の場所を探し出せるので、高速に要素をアクセスできます。

配列が苦手なこと

配列は、要素の追加や削除が苦手です。たとえば要素をひとつ削除するだけでも、右の図のように、後ろの要素をひとつずつ前の要素にコピーして最後の要素をメモリから削除しなければなりません。配列はデータを格納するメモリ領域が連続していて動かせないので、要素の個数が変化する処理を効率よく行うことができません。

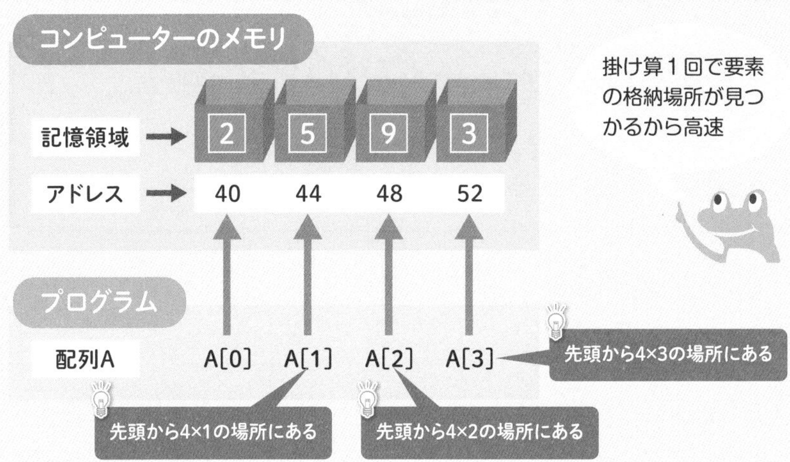
配列の特徴
コンピューターのメモリ
記憶領域
2
5
9
3
アドレス
40
44
48
52
プログラム
配列A
A[0]
A[1]
A[2]
A[3]
先頭から4×3の場所にある
先頭から4×1の場所にある
先頭から4×2の場所にある
掛け算１回で要素の格納場所が見つかるから高速

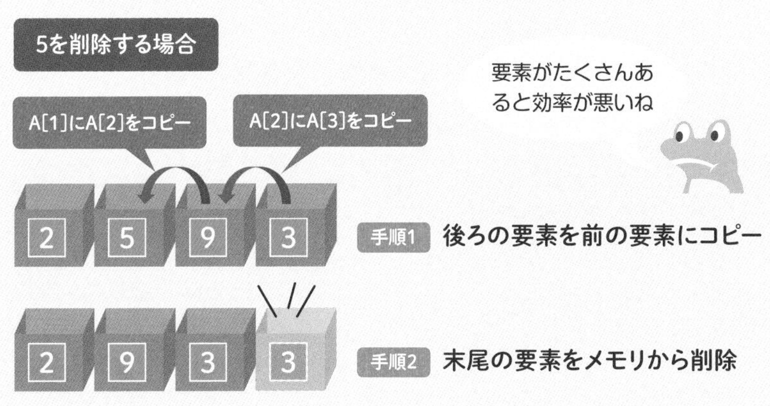
配列は要素の付け替えが苦手
5を削除する場合
A[1]にA[2]をコピー
A[2]にA[3]をコピー
2
5
9
3
手順1　後ろの要素を前の要素にコピー
2
9
3
3
手順2　末尾の要素をメモリから削除
要素がたくさんあると効率が悪いね

Chapter 03

リスト(データが順番につながった構造)

リストの特徴

リストは複数のデータが連結されたデータ構造の総称で、**連結リスト**(単方向リスト、循環リスト、双方向リスト)と**連想記憶リスト**(ハッシュ)に分けられます。

リストはメモリ領域が連続していないため、それぞれの要素が隣り合う要素の場所を指す**ポインタ**を持っている点が大きな特徴です。ポインタを使うと、要素の追加や削除、順番の入れ替えといった操作が、ポインタをつなぎ変えるだけで高速に行えます。これは配列が苦手としている処理です。

その代わり、特定の要素にアクセスするときリストの先頭または末尾からポインタを順番にたどっていく必要があるため、要素にアクセスする時間は配列の場合よりも長くなります。

要素の追加・削除・入れ替えが頻繁に起こる場合や、要素の個数が決まっていない(可変)場合はリストが適しています。
一方、最初から要素の個数が決まっている場合や、何度もランダムな要素にアクセスする場合は配列が適しています。

リストの特徴

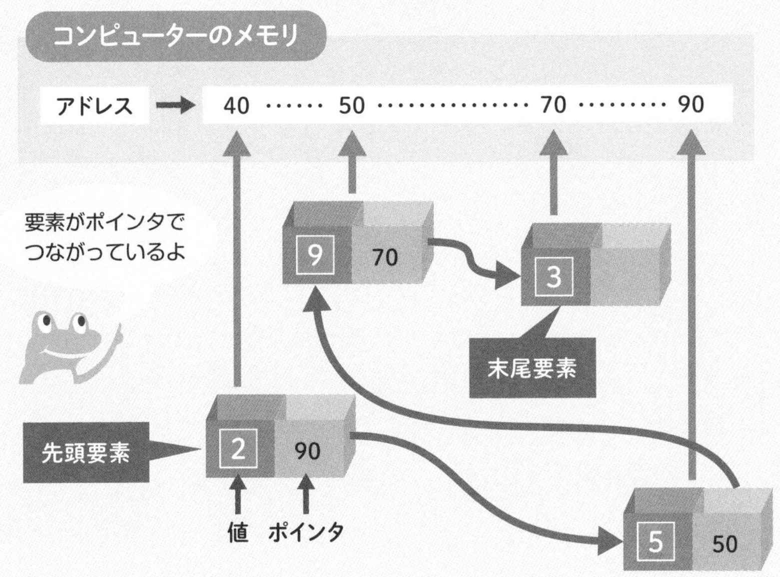

配列とリストの比較

データ構造	要素へのアクセス	要素の追加・削除、入れ替え
配列	要素数が多くても高速	要素数が多いほど低速
リスト	要素数が多いほど低速	要素数が多くても高速

単方向リスト

単方向リストは、データを格納する「値」と「ポインタ」を組みにした「セル」と呼ばれる単位で構成されます。ポインタには次のセルの場所が格納されており、ポインタを使ってリストを後ろにたどることができます。セルの追加や削除はポインタを付け替えることで行います。

循環リスト

循環リストは、単方向リストの最後のセルのポインタが先頭のセルを指すようにつないでリスト全体を環状にしたものです。ポインタをたどって最後までくると、再び先頭に戻ります。

双方向リスト

双方向リストは、単方向リストに「前のセルの場所を指すポインタ」を追加したものです。それぞれのセルが前後のセルとポインタでつながっているため、リストを前にも後ろにもたどることができます。最後のセルと先頭のセルをつなぐと、双方向の循環リストにもなります。

3種類の連結リスト

単方向リスト

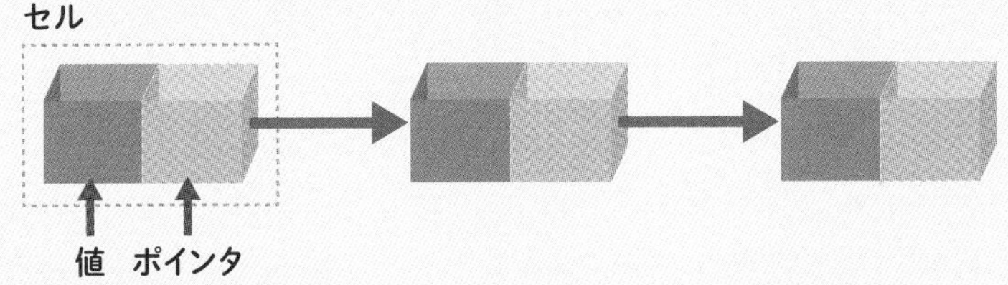

循環リスト

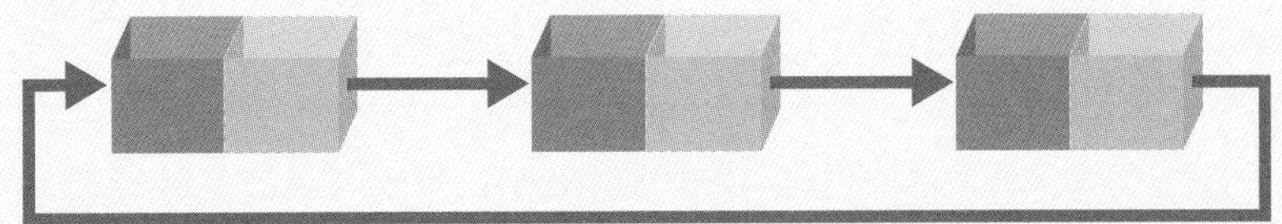

双方向リスト

ポインタのつなぎ方で
いろんな形状ができる

連想記憶リスト(ハッシュ)

連想記憶リストは、配列や連結リストのように互いに関連性のあるデータを格納するのではなく、関連する要素同士を結びつけて高速な検索を可能にするデータ構造です。

たとえば、果物の和名と英名の対応関係を連想記憶リストで表すと右ページのようになります。目的のデータを検索するときのキーワードに相当する要素を**キー**(key)と呼び、キーと結びついたデータを**値**(value)と呼びます。

連想記憶リストの特徴

連想記憶リストの特徴は、探しているデータがリストの何番目にあるかを意識しなくてもキーを指定すれば値にアクセスできることです。

右ページの場合、A["リンゴ"]はAppleが入っている1番目の要素を指し、A["メロン"]はMelonが入っている3番目の要素を指しますが、探している値が何番目に格納されているかは重要ではありません。キーを指定するだけで値にアクセスできるので、辞書のような形でデータを格納するのに適しています。

連想記憶リストは配列の添字を文字列に置き換えたような形をしていることから、連想配列と呼ばれることもあります。

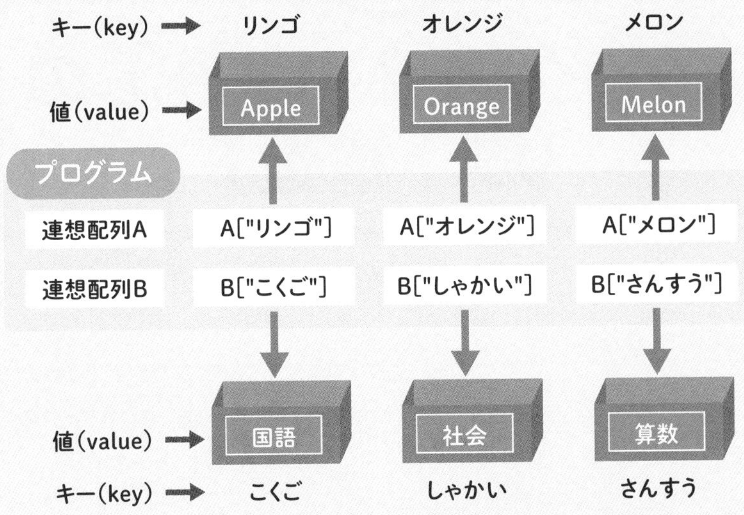

キーと値の組み合わせを
リスト化した構造だよ

Chapter 03

スタック（後入れ先出しのリスト構造）

スタックとは？

スタック（stuck）は連結リストの一種で、下から上にデータが積み重なったデータ構造です。テーブルにお皿が積み上げられた様子をイメージするとよいでしょう。

一番下のお皿がリストの先頭で、一番上のお皿がリストの末尾です。お皿を重ねるときは下から順番に重ねていき、お皿を取るときはその逆で、上から順番に取っていきます。

スタックの特徴

一番下のお皿を取り出したいときは、お皿が落ちないように一番上から順番に取っていかなくてはなりません。スタックも同じで、スタックから要素を取り出すときは、リストの末尾にある要素から順に取り出します。

後に入れたものが先に取り出される方式をLIFO（Last-In First-Out／後入れ先出し）もしくはFILO（First-In Last-Out／先入れ後出し）と呼びます。

スタックのイメージ

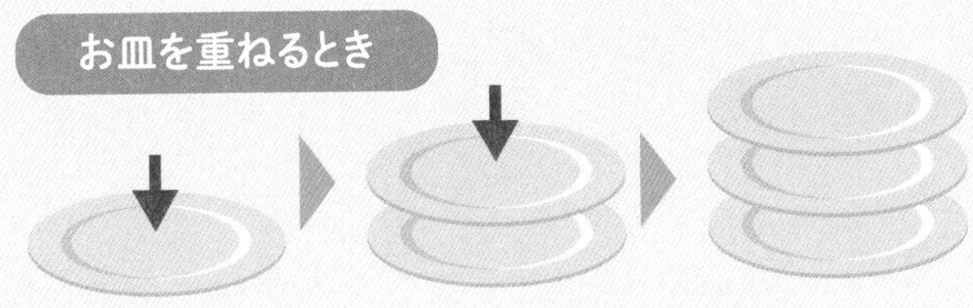

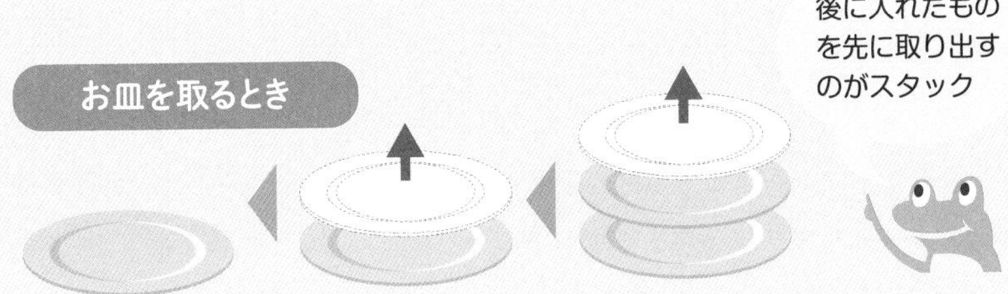

プッシュとポップ

スタックに要素を追加する操作をプッシュ（push）、取り出す操作をポップ（pop）と呼びます。

プッシュ（push）

プッシュを行うとスタックの末尾（右の図では上）に要素が追加され、スタックの要素数が1増えます。続けてプッシュを行うと、さらに後ろに新しい要素が追加されます。

ポップ（pop）

ポップを行うとスタックの末尾（右の図では上）から要素が取り出されます。取り出した要素はスタックから消えるので、スタックの要素数は1減ります。続けてポップを行うと、次の要素が取り出されます。

プッシュ：スタックの末尾に要素が追加され、スタックの長さが1だけ増える。

ポップ：スタックの末尾から要素が取り出され、スタックの長さが1だけ減る。

プッシュとポップ

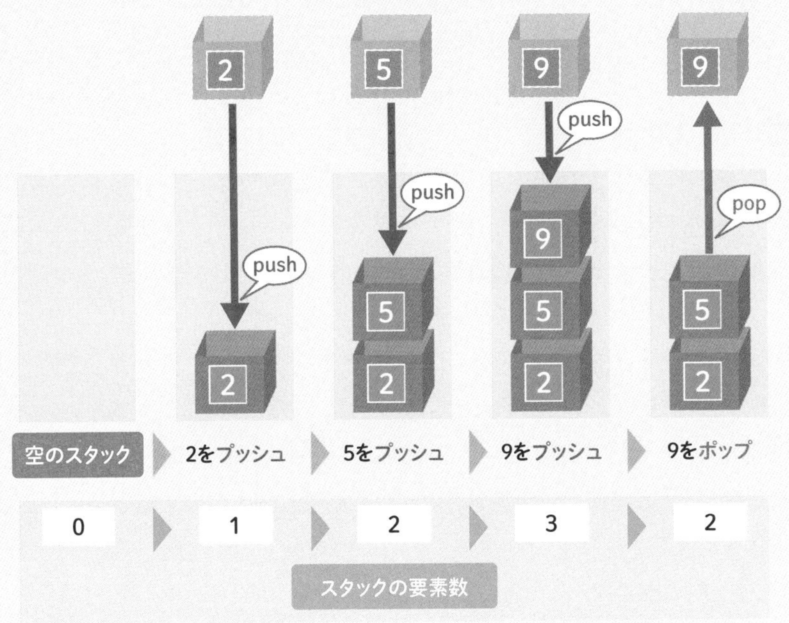

プッシュで追加、
ポップで取り出し

日常生活でスタックが使われている場面

スタックは日常生活のさまざまな場面で使われています。

仕事上のタスク

仕事で報告書を作成しているとき、途中でわからないことがでてきたら調べものをします。調べものをしているときに上司から電話がかかってきたら、「報告書作成」「調べもの」「電話対応」の3つのタスク（作業）が発生している状態になります。

全てのタスクを同時に行うことはできないので、あとから発生したタスクから順に片付けていきます。この様子を図にすると右ページのようになり、ひとつひとつのタスクが後入れ先出し方式のスタック構造になっています。

アプリケーションの操作履歴

エクセルやテキストエディターには、編集中の操作を元に戻す機能があります。これらのアプリケーションはユーザーが行ったひとつひとつの操作をスタックに記憶させ、スタックの末尾の操作を取り消すことによって元に戻す機能を実現しています。

ウェブブラウザの閲覧履歴

インターネットを閲覧するとき使うウェブブラウザは、閲覧したページをスタックに記憶させており、「前に戻る」「次に進む」の操作をするとスタックを参照してページを切り替えます。

仕事上のタスクをスタック方式で片付ける

時間の流れ

タスク発生
push
報告書作成

タスク発生
報告書作成
push
調べもの

タスク発生
報告書作成
調べもの
push
電話対応

報告書作成
調べもの
pop
電話が終わった

報告書作成
pop
調べものが終わった

pop
報告書作成が終わった

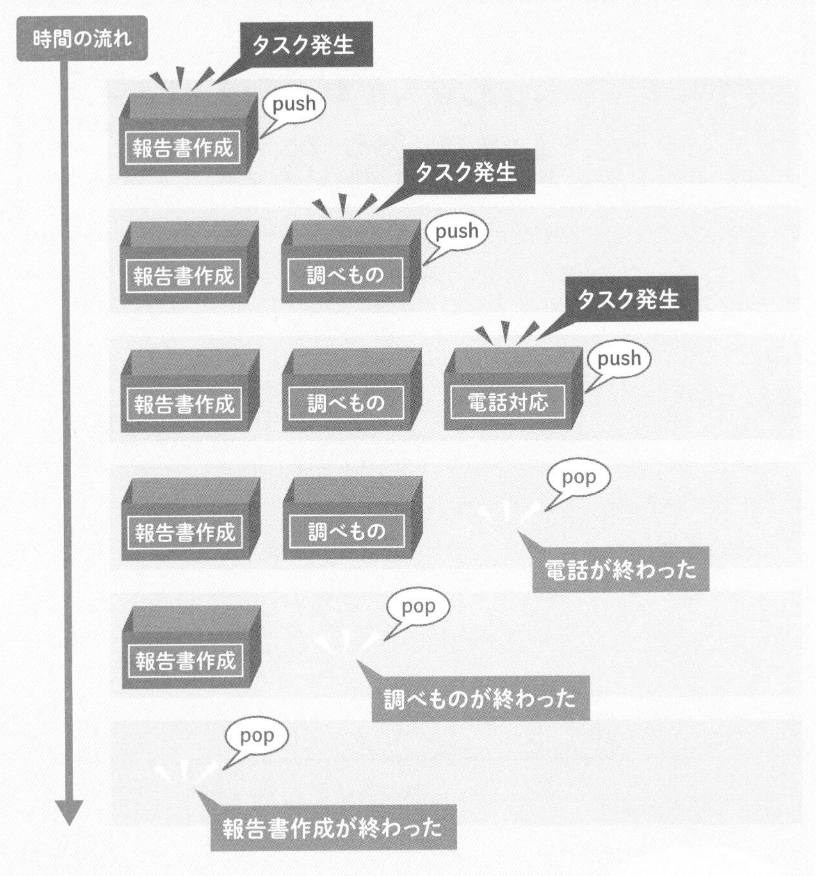

後から発生した
タスクから順に
終わらせていく

Chapter 03

キュー（先入れ先出しのリスト構造）

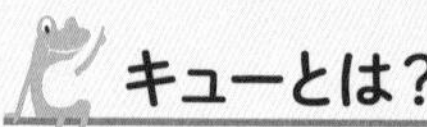

キューとは？

キュー（queue）は連結リストの一種で、いわゆる「待ち行列」のデータ構造です。チケット売り場などで順番待ちの行列ができている様子をイメージするとよいでしょう。

行列の先頭がリストの先頭で、行列の最後尾がリストの末尾です。あとから来た人は行列の後ろに並び、先頭の人から順番に自分の番がやってきて、リストから外れていきます。

キューの特徴

待ち行列では早く並んだ人から順にチケットを入手できます。キューも同じで、キューから要素を取り出すときは、リストの先頭にある要素から順に取り出します。

先に入れたものが先に取り出される方式をFIFO（First-In First-Out／先入れ先出し）もしくはLILO（Last-In Last-Out／後入れ後出し）と呼びます。

キューのイメージ

後から来た人は後ろに並ぶ

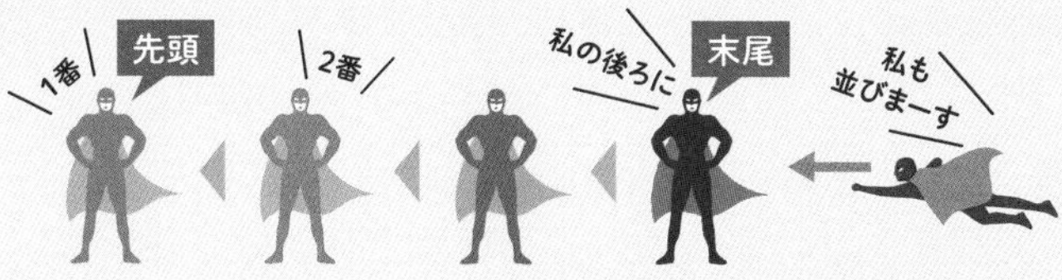

前の人から抜けていく

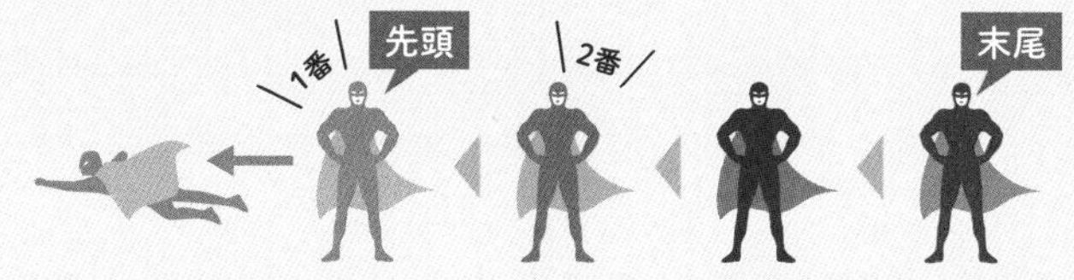

先に入れたものを先に
取り出すのがキュー

エンキューとデキュー

キューに要素を追加する操作を**エンキュー**（enqueue）、取り出す操作を**デキュー**（dequeue）と呼びます。

エンキュー（enqueue）

エンキューを行うとキューの末尾（右の図では右端）に要素が追加され、キューの要素数が1増えます。続けてエンキューを行うと、さらに後ろに新しい要素が追加されます。

デキュー（dequeue）

デキューを行うとキューの先頭（右の図では左端）から要素が取り出されます。取り出した要素はキューから消えるので、キューの要素数は1減ります。続けてデキューを行うと、次の要素が取り出されます。

エンキュー：キューの末尾に要素が追加され、キューの長さが1だけ増える。
デキュー：　キューの先頭から要素が取り出され、キューの長さが1だけ減る。

エンキューとデキュー

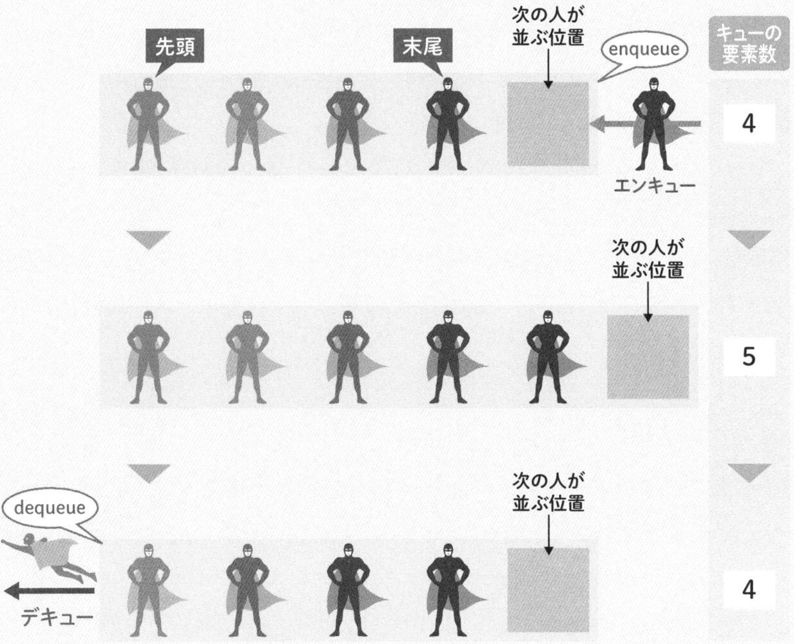

エンキューで追加、
デキューで削除

日常生活でキューが使われている場面

キューは日常生活のさまざまな場面で使われています。

印刷機のジョブ管理

プリンタで印刷するとき、ジョブという単位で印刷命令がキューに溜まります。たとえばジョブAは「AさんがXというファイルを10枚印刷するジョブ」、ジョブBは「BさんがYというファイルを5枚印刷するジョブ」です。プリンタは先に予約されたジョブから順に印刷を行います。

キーボードの入力

パソコンのキーボード入力にもキューが使われています。キーボードから入力された情報はキューに溜まり、入力した順にアプリケーションの画面に表示されます。

チケットのキャンセル待ち

航空券などの予約システムでは、キャンセル待ちのデータをキューで管理します。キャンセルが発生したとき、先にキャンセル待ちをしている人から順に予約枠が与えられます。

入出力（I/O）の順番待ち

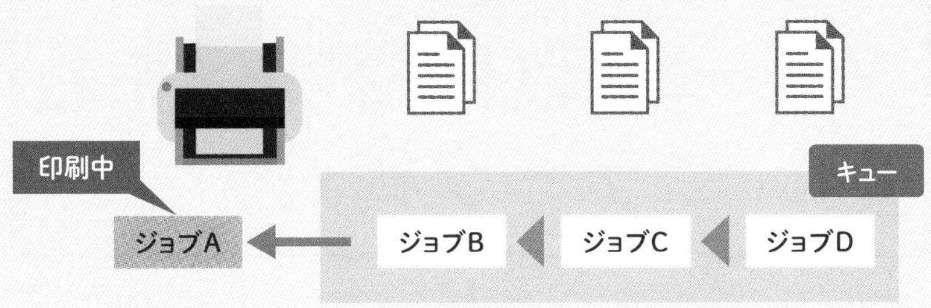

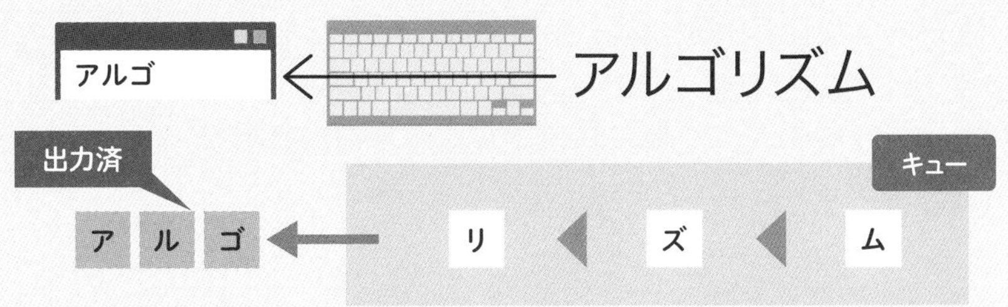

入力された順に
処理するよ

Chapter 03

ツリー構造(階層関係をもつデータ構造)

ツリー構造とは?

配列やリスト、スタック、キューは、同じようなデータの集まりを管理する場面に適していますが、階層をもつデータを表すことを苦手としています。そこで用いられるのが右ページのように木(tree)のような形をしたツリー構造です。

ツリー構造の特徴

ツリー構造は階層関係を表すことができます。ツリー構造の特徴は、家系図や企業の組織図、パソコンの中のフォルダのような階層関係(親子関係)をもっていることです。

ツリー構造では、ひとつひとつの要素を**ノード**と呼び、親に当たるノードを**親ノード**、子に当たるノードを**子ノード**、親を持たないノード(木の根に当たるノード)を**ルートノード**、子に当たるノードを持たないノードを**リーフ**と呼びます。また、ノードとノードをつなぐ線(木の枝に当たる)を**エッジ**と呼びます。エッジはリストと同じようにポインタで実現できます。

また、木には深さ(高さ)という概念があります。深さは、ルートから一番遠いリーフまでに通過するエッジの個数で表します。

ツリー構造のイメージ

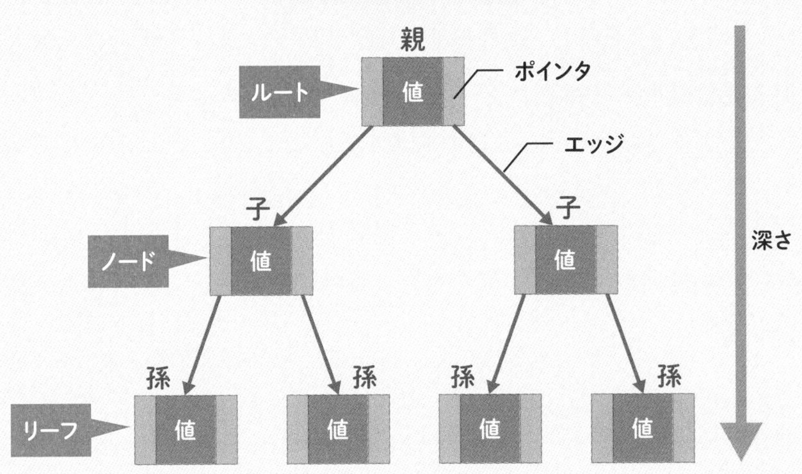

天地が逆さまになった木のような構造だね

木構造における親子関係

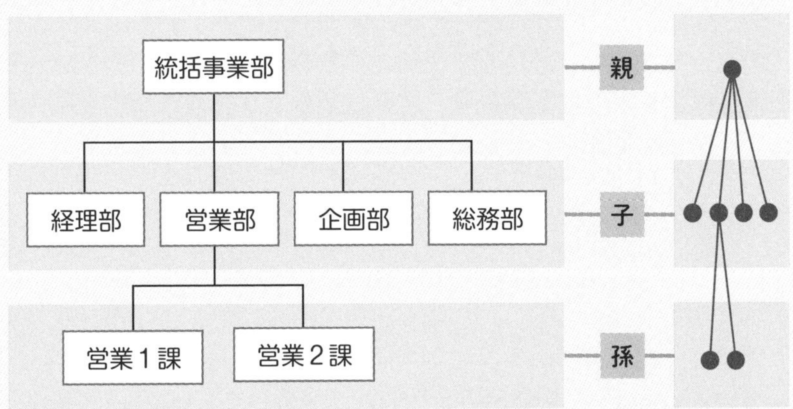

二分木（にぶんぎ）

ツリー構造のうち、どの親ノードを見ても子ノードの個数が最大でも2個以下の特殊なツリーを**二分木**（binary tree：バイナリ・ツリー）と呼び、二分木のうち、全ての親ノードが子ノードを2個ずつもつものを全二分木、さらに全てのリーフが同じ深さのものを完全二分木と呼びます。また、二分木を図にしたとき、あるノードから見て左側にあるノードを**左ノード**、右側にあるノードを**右ノード**と呼びます。

二分木の特徴

右の図のように、二分木の一部だけに注目しても、やはりそこも二分木になっていることがわかります。これを部分木と呼びます。多くのデータを格納した巨大な二分木では、部分木の中にさらに部分木が、その中にさらに部分木が含まれた構造になります。このように、自分自身の一部が自分自身と同じ形をもっている構造を**再帰的**な構造と呼びます。

プログラミングにおいて、ある処理の内部から再びその処理を呼び出すことを再帰処理と呼び、類似の処理を同じアルゴリズムで繰り返すことでプログラムを簡潔にできるメリットがあります。二分木は再帰的な構造をもつため、プログラムで再帰処理を利用する場面で特に大きな効果を発揮します。

二分木のイメージ

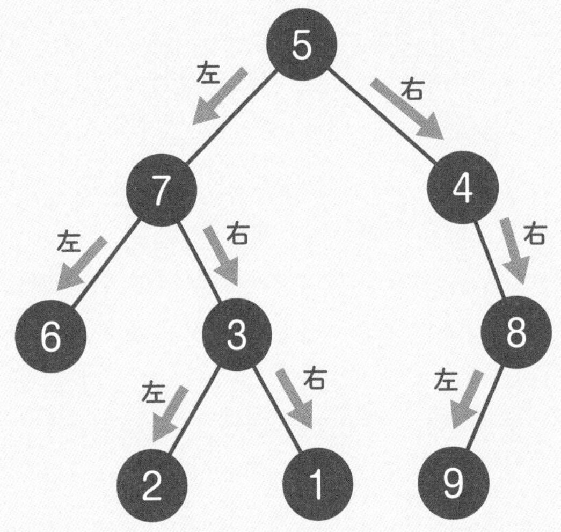

5から見て
左ノードは7、
右ノードは4

二分木の特徴

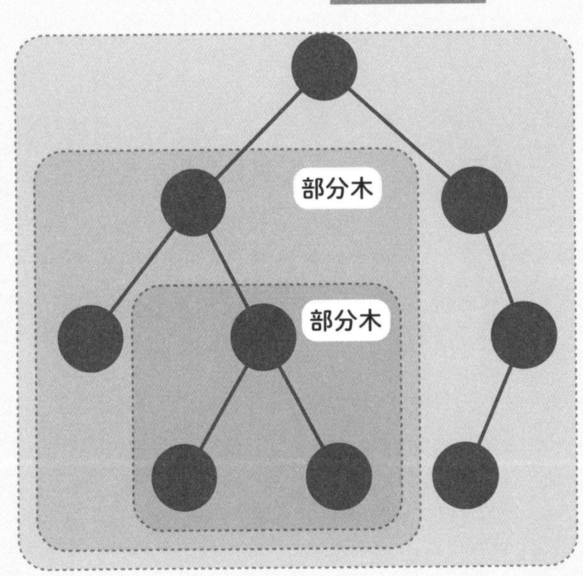

同じ構造が入
れ子になって
いるよ

二分探索木（にぶんたんさくぎ）

全ての親ノード（ルートノードも含む）に対して、ノードに割り当てた値が「左ノード＜親ノード＜右ノード」の関係になるようにデータを格納した二分木を二分探索木（binary search tree：バイナリ・サーチ・ツリー）と呼びます。

前のページで見たように、二分木は再帰的な構造をしているので、ある親ノードの左の子ノードおよびその全ての子孫ノードが持つ値はそのノードの値より小さく、右の子ノードおよびその全ての子孫ノードが持つ値はそのノードの値より大きいという規則が成立します。たとえば右の図の緑の部分にある全てのノードは親ノードの「7」より小さく、青の部分にある全てのノードは親ノードの「7」より大きい値を持っています。

この性質を利用すると、ルートの「7」よりも小さい値を探したいときは緑の部分だけを探せばよく、「7」よりも大きい値を探したいときは青の部分だけを探せばよいことになります。もし「4」を探したい場合は、まず「7」と比較して小さいから左ノードへ移動し、次に「3」と比較して大きいから右ノードへ移動し、次に「5」と比較して小さいから左ノードへ移動し、そこで「4」が見つかります。このように、階層を1つ降りるたびに探す範囲が半分ずつ減っていくので、少ない回数でデータを探すことができます。Chapter01のコラム（30ページ）で紹介した数字当てゲームは、まさに二分探索木を利用したアルゴリズムです。

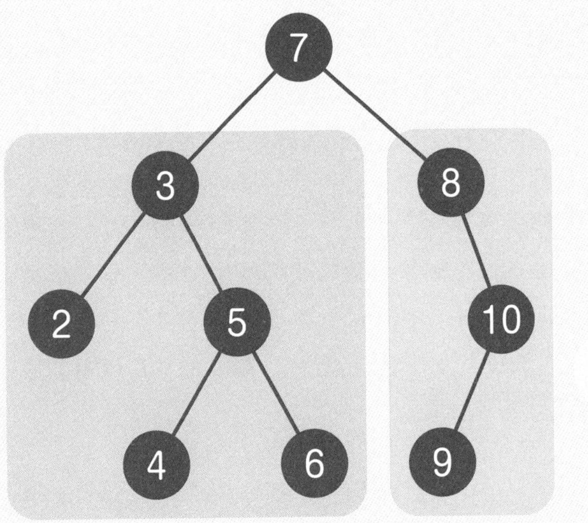

左＜親＜右
の法則

二分探索木の走査

あるデータ構造において、全ての要素を1回ずつ漏れなく調査することを**走査（そうさ）**と呼びます。すでに見たように、配列では添字を使い、線形リストではポインタを使って要素を走査します。

ツリー構造の走査方法には、ツリーの浅い階層から深い階層へと順番に走査していく**幅優先探索**と、ツリーを半時計周りに一筆書きするように探索していき、一周する道のりの途中で各ノードを調査する**深さ優先探索**があります。さらに深さ優先探索は、どのタイミングでノードを調査するかによって「行きがけ順」「通りがけ順」「帰りがけ順」の3つの方法があります。

行きがけ順

二分探索木を反時計回りに一筆書きしたとき、一筆書きの線がノードの左側を通ったときに要素を調査していく走査方法です。右の図の二分探索木を行きがけ順に走査すると、7,3,2,5,4,6,8,10,9になります。

幅優先探索

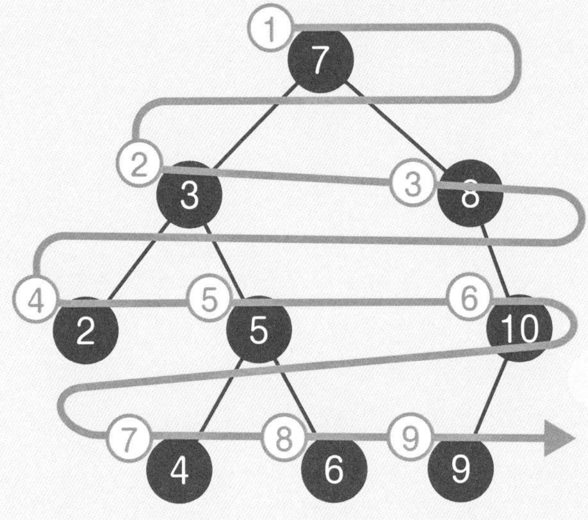
浅い階層から深い
階層へ順番に探索

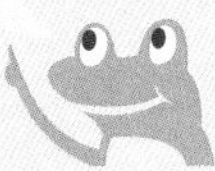

行きがけ順

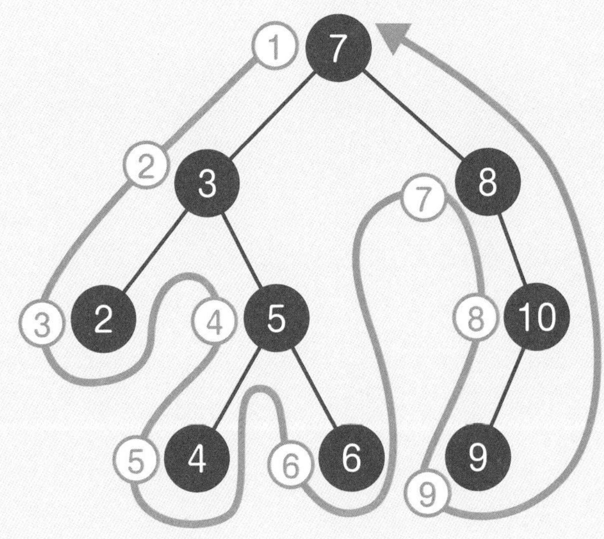
一筆書きの線
がノードの左
側を通る順番

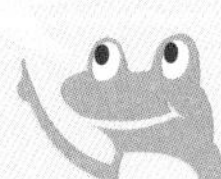

通りがけ順

二分探索木を反時計回りに一筆書きしたとき、一筆書きの線がノードの下側を通ったときに要素を調査していく走査方法です。右の図の二分探索木を通りがけ順に走査すると、2,3,4,5,6,7,8,9,10になります。

帰りがけ順

二分探索木を反時計回りに一筆書きしたとき、一筆書きの線がノードの右側を通ったときに要素を調査していく走査方法です。右の図の二分探索木を帰りがけ順に走査すると、2,4,6,5,3,9,10,8,7になります。

二分探索木を通りがけ順に走査しながら要素を取り出していくと、取り出した結果は必ず昇順（小さい順）に並びます。

通りがけ順

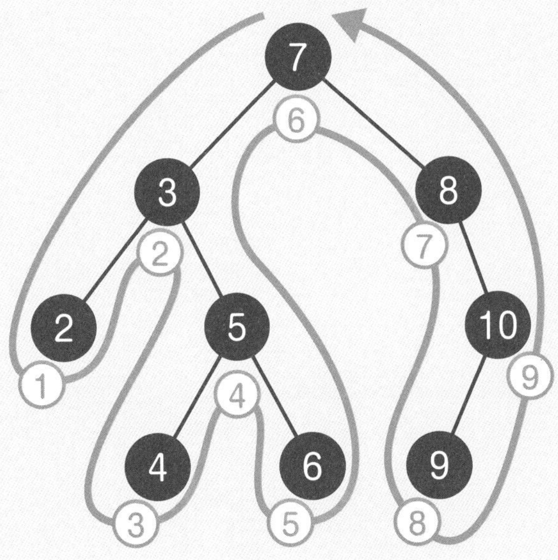

一筆書きの線がノードの下側を通る順番

帰りがけ順

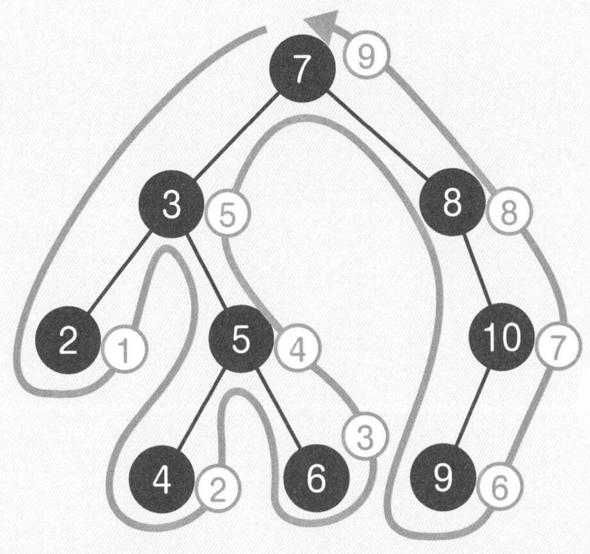

一筆書きの線がノードの右側を通る順番

アルゴリズムで迷路のゴールを見つけよう

スタックを使って、スタート（S）からゴール（G）につながる道順を探してみましょう。①通ったマスの座標（x,y）をスタックに積んでいきます。②分岐点に来たらその場所を覚えておいて、いずれかの方向へ進みます。③行き止まりに来たら分岐点までスタックから要素を取り出し（来た道を引き返す）、行き止まりの分岐に印をつけて壁とみなします（図の×）。④このようにして①〜③の手順をゴールまで繰り返していくと、スタックにはスタートからゴールにつながる経路が記録されます。

スタックに道順を記録する

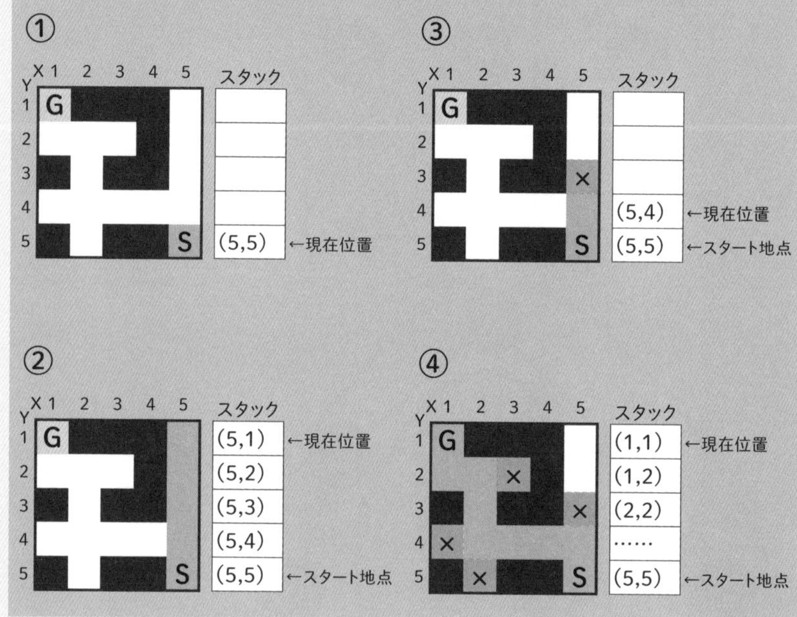

基本的なアルゴリズム

Chapter 04

アルゴリズムの基本は「繰り返し」

繰り返し（反復）を使う場面

繰り返しとは、Chapter01で学んだ「反復」（28ページ）のことです。アルゴリズムでは特定の処理を繰り返して行う場面がよく登場します。たとえば、テストの合計点や平均点を求めるとき、クラス全員の点数を配列にして添字を1つずつ増やしながら全ての要素にアクセスする「繰り返し」の処理を行います。

リストやツリー構造を使う場合も、特定の要素が見つかるまでポインタ（52ページ）をたどっていく処理を繰り返します。

流れ図と疑似言語

流れ図（フローチャート）はアルゴリズムを図式化したもので、記号を使ってデータの流れや判定条件などを表します。アルゴリズムを図式化することで、プログラムの設計や作成に役立ち、問題の定義や解法を第三者にも正確に伝えることができます。

また、情報処理系の試験では、実際のプログラミング言語に近い**疑似言語**を使った出題が行われます。本書ではいくつかの簡単な記号を使った疑似言語でプログラムを記述します。右ページは、流れ図と疑似言語を使ったプログラムで繰り返しを記述した例です。

流れ図とプログラム

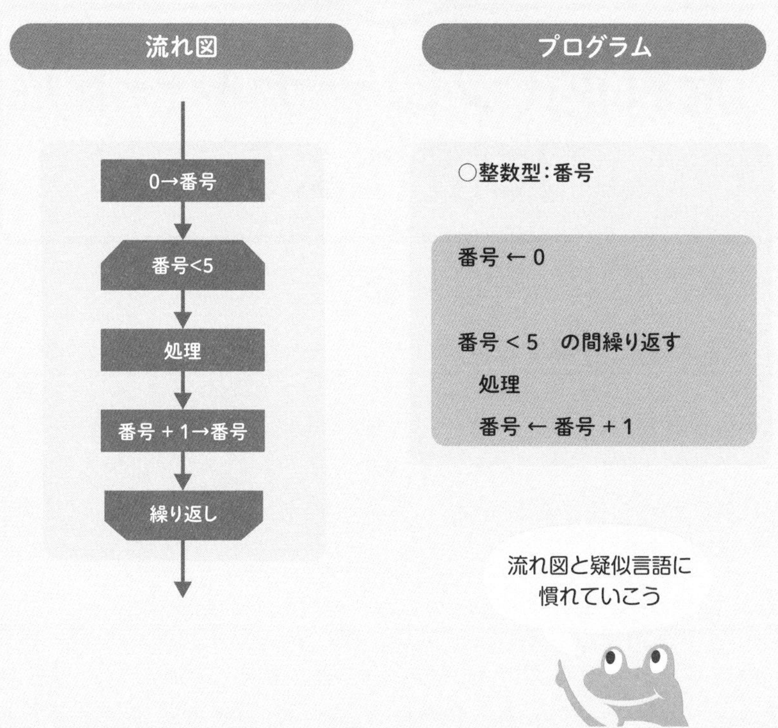
流れ図
プログラム
0→番号
番号<5
処理
番号＋1→番号
繰り返し
○整数型：番号
番号 ← 0
番号 < 5　の間繰り返す
処理
番号 ← 番号 + 1
流れ図と疑似言語に
慣れていこう

Chapter 04

流れ図(フローチャート)に慣れよう

流れ図に登場する記号

よく使われる代表的な記号を右ページにまとめました。流れ図（フローチャート）はこれらの記号をアルゴリズムの流れに従って実線または矢印でつないで表します。

記号の意味

❶端子記号は流れ図の入口と出口を表します。❷処理記号は任意の処理、機能を表します。❸定義済み処理記号は別の場所で定義された処理を表します。サブルーチンとも呼ばれ、定型の処理をいろんな場所から再利用するときに使います。❹ループ端記号は繰り返しの始まりと終わりを表しますが、この記号を使わなくても流れが判読できる場合は省略されることもあります。❺判断記号は分岐（28ページ）を表し、「Yes/No」などの回答によってその後の流れが分かれます。❻手入力記号はキーボードなどからの手入力を表します。❼表示記号はディスプレイなどに表示（出力）する情報を表します。❽結合子記号は流れ図をいくつかに分割した場合に、他の部分への接続を表します。

代表的な流れ図記号

1

2 処理

3 定義済み処理

4 ループ端 ループ端

5

6 手入力

7 表示

8 ●

これらの記号を
組み合わせるよ

流れ図で表してみよう

次の問題を流れ図で表してみましょう。

【問題】
近所のスーパーAで、卵と牛乳を1パックずつ買います。今日は特売日なので、もし卵が安かったら2パック、牛乳も安かったら2パック買うことにします。

流れ図を書こう

まず、流れ図の始まりと終わりに端子記号を書きます。次に、最初の分岐「卵が安いかどうか？」を判断記号で書きます。この分岐はYes（安い場合）とNo（安くない場合）の2通りの出口を持ちます。Noの場合は右に流れて「卵を1パック買う」を行い、Yesの場合は下に流れて「卵を2パック買う」を行います。

最初の分岐が終わったら、次に「牛乳が安いかどうか？」の分岐を同様に行います。Noの場合は右に流れて「牛乳を1パック買う」を行い、Yesの場合は下に流れて「牛乳を2パック買う」を行います。

2つ目の分岐が終わったら、終了の端子記号につないで流れ図を終了します。

買い物の流れ図

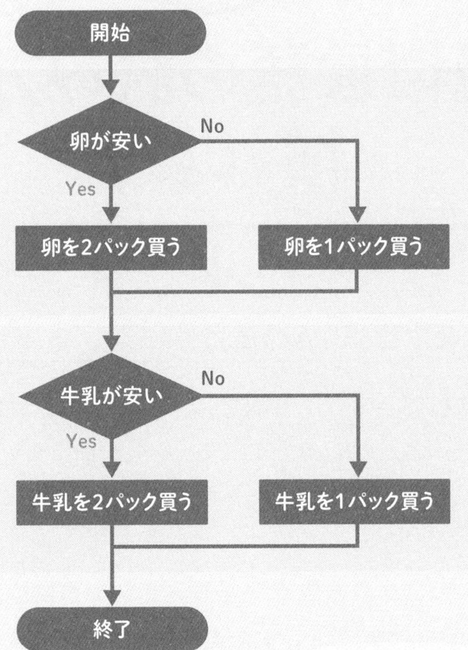

「もしも〜だったら」の
分岐は判断記号を使うよ

Chapter 04

疑似言語の読み方に慣れよう

一般的なプログラムの構造

一般的なプログラミング言語では、プログラムは宣言部と処理部に分かれます。疑似言語のプログラムも似た構造をとります。

宣言部

宣言部は、プログラム内で使用する変数の名前や型、手続き、関数（サブルーチン☞90ページ）を宣言する部分です。

変数にデータを出し入れするためには、コンピューターのメモリ上にデータを入れるための領域を確保しておく必要があります。そのため、一般的なプログラミング言語ではプログラムの先頭に宣言部を置き、変数の宣言を行います。

処理部

処理部は、あらかじめ宣言された変数や手続き、関数（サブルーチン）を組み合わせて具体的な処理の手続きを記述する部分です。

- **プログラムは宣言部と処理部で構成する。**
- **変数、手続き、関数（サブルーチン）の定義は宣言部で行う。**

プログラムの宣言部と処理部

宣言部

```
○手続き:表示(A)
○整数型:点数[5]
○整数型:合計
○整数型:番号
```

処理部で使う変数、手続き、関数(サブルーチン)を宣言する

処理部

```
点数 ← [80, 75, 90, 60, 85]
合計 ← 0
番号 ← 0

番号 < 5　の間繰り返す
  合計 ← 合計 + 点数[番号]
  番号 ← 番号 + 1

表示(合計)
```

変数、手続き、関数(サブルーチン)を使った具体的な処理を記述する

最初に変数の宣言を行うよ

宣言部の記述形式

変数と配列は次のように宣言します。

書式

○データ型：変数名

○データ型：配列名［要素数］

手続きと関数（サブルーチン）の宣言

いくつかの処理をひとまとめにしてプログラムの他の部分から呼び出せる（再利用できる）ようにしたものを**手続き**と呼びます。手続きには呼び出し元からデータを渡すことができ、これを**引数（ひきすう）**と呼びます。また、手続きのうち、処理の結果を呼び出し元へ返すものを**関数（サブルーチン）**と呼びます。

手続きと関数は次のように宣言します。

書式

○手続き：手続名（引数名1,引数名2,...）

○関数　：関数名（引数名1,引数名2,...）

宣言部の記述形式

○手続き：表示(A)
引数Aをもつ「表示」という名前の手続きを使用することを宣言

○関数　：最大値(A,B)
引数A,Bをもつ「最大値」という名前の関数を使用することを宣言

○関数　：最小値(A,B)
引数A,Bをもつ「最小値」という名前の関数を使用することを宣言

○整数型：点数[5]
5個の要素をもつ整数型の配列「点数」を使用することを宣言

○整数型：合計
整数型の変数「合計」を使用することを宣言

○文字列型：メッセージ
文字列型の変数「メッセージ」を使用することを宣言

処理部の記述形式

処理部では、反復（繰り返し）や分岐の条件を表すために式や演算子を使います。演算子には「＋，－，×，÷，＊，／」などの算術演算子や、「＝，≠，＜，≦，＞，≧」などの比較演算子、そして条件式に使用する「And（論理和：かつ）,Or（論理積：または）,Not（否定：でない）」などの論理演算子があります。

演算子

演算子	説明
+, -, ×, ÷, *, /	算術演算を表す。「*」は「×」と同じ、「/」は「÷」と同じ意味。
=, ≠, <, ≦, >, ≧	比較演算を表す。
AND, OR, NOT	AND（かつ）、OR（または）、NOT（でない）の論理演算を表す。

分岐の記述形式

本書のプログラムでは、条件が正しい（条件が成立する）場合の分岐をYes、正しくない（条件が成立しない）場合の分岐をNoで表します。

処理部の記述形式

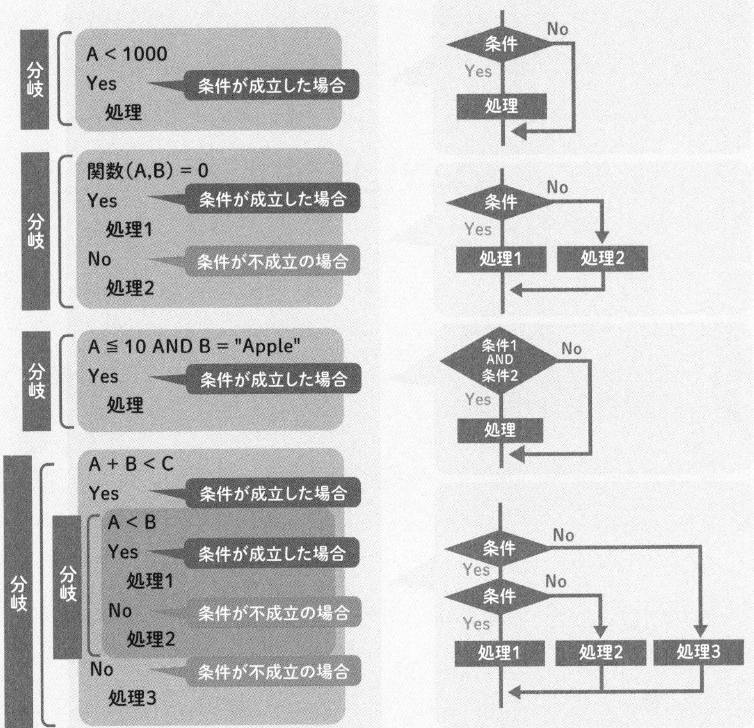

分岐
A < 1000
Yes
条件が成立した場合
処理
条件
No
Yes
処理
分岐
関数(A,B) = 0
Yes
条件が成立した場合
処理1
No
条件が不成立の場合
処理2
条件
No
Yes
処理1
処理2
分岐
A ≦ 10 AND B = "Apple"
Yes
条件が成立した場合
処理
条件1 AND 条件2
No
Yes
処理
分岐
A + B < C
Yes
条件が成立した場合
分岐
A < B
Yes
条件が成立した場合
処理1
No
条件が不成立の場合
処理2
No
条件が不成立の場合
処理3
条件
No
Yes
条件
No
Yes
処理1
処理2
処理3

繰り返し（反復）の記述形式

繰り返す条件が正しい（条件が成立する）場合の分岐をYes、正しくない（条件が成立しない）場合の分岐をNoで表します。

Aという処理を5回繰り返すプログラムは次のようになります。

処理Aを5回繰り返す

```
○整数型：番号
番号 ← 0
番号 < 5　の間繰り返す
  処理A
  番号 ← 番号 + 1
```

繰り返し

繰り返しのたびに番号が
1ずつ増えるよ

決まった回数だけ繰り返すには、「何回繰り返したか」を記憶しておくための変数を用意して、繰り返しの中で変数の値を1ずつ増やしていきます。すると、所定の回数に達したとき条件が成立しなくなるので、繰り返しが終了します。

繰り返しの回数を数えるための変数をカウンタ（もしくはループカウンタ）と呼ぶことがあります。

繰り返し（反復）の記述形式

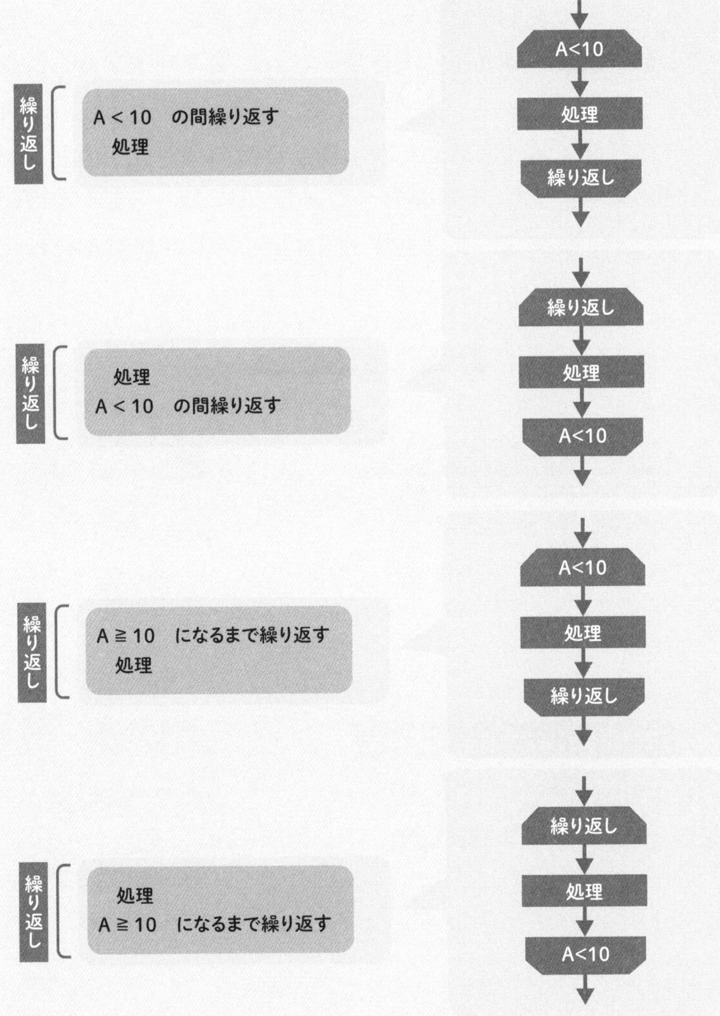

前判定型と後判定型

繰り返しを続けるかどうかを、繰り返しの処理を行う前に判定する方式を**前判定型**、繰り返しの処理を行った後で判定する方式を**後判定型**と呼びます。

データの状態によっては始めから繰り返しの条件式が成立しないこともあります。その場合、前判定型だと1回も繰り返しの処理が行われませんが、後判定型だと必ず1回は繰り返しの処理が行われます。

前判定型と後判定型

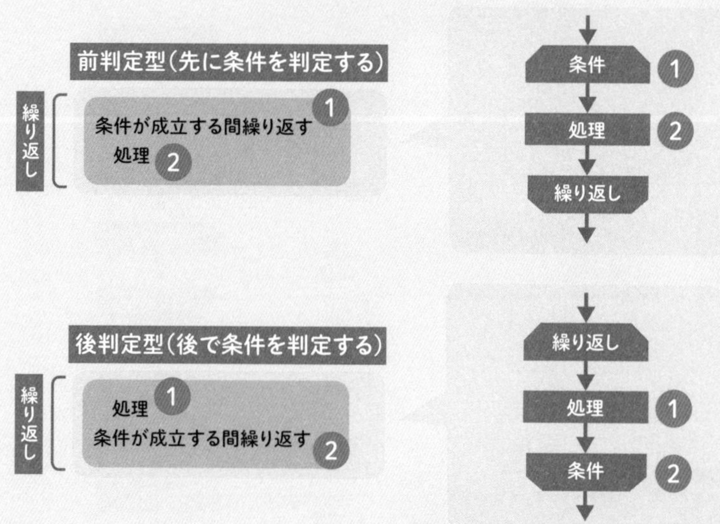

「お腹がいっぱいになるまでご飯をおかわりする」を前判定型と後判定型で書くと次のようになります。

前判定型と後判定型の違い

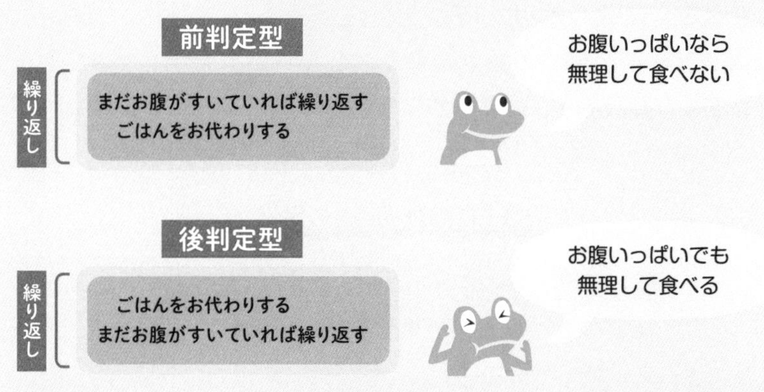

前判定型の場合、最初からお腹いっぱいならご飯を１杯も食べません。後判定型の場合、最初からお腹いっぱいだったとしても必ずご飯を１杯は食べることになります。

関数（サブルーチン）の記述形式

「aとbを渡したらcを返す」のように、外部から与えたデータに基づいて何らかの計算や加工を行い、その結果を返すものに名前を付けた手続きが関数（サブルーチン）です。

たとえば、商品価格と投入金額を渡したら商品を出してお釣りを返す関数「自動販売機」を考えてみましょう。

関数「自動販売機」の定義

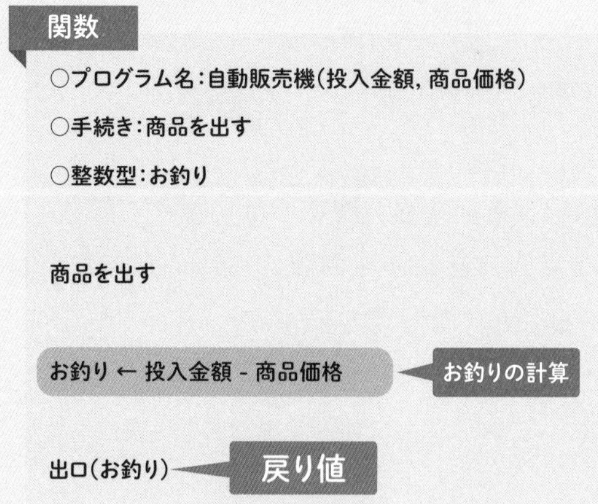

この関数は、お釣りを計算した結果を呼び出し元に返します。関数が呼び出し元へ返す値を**戻り値**と呼び、出口（値）のように表記します。

実引数と仮引数

呼び出し側から関数に渡す引数を**実引数**、関数が受け取る引数を**仮引数**と呼びます。

関数に実引数を渡したとき、実引数のコピーが仮引数に代入されます。そのため、関数の中で仮引数の値を変更しても、呼び出し元の実引数の値は変わりません（影響を受けません）。

実引数と仮引数

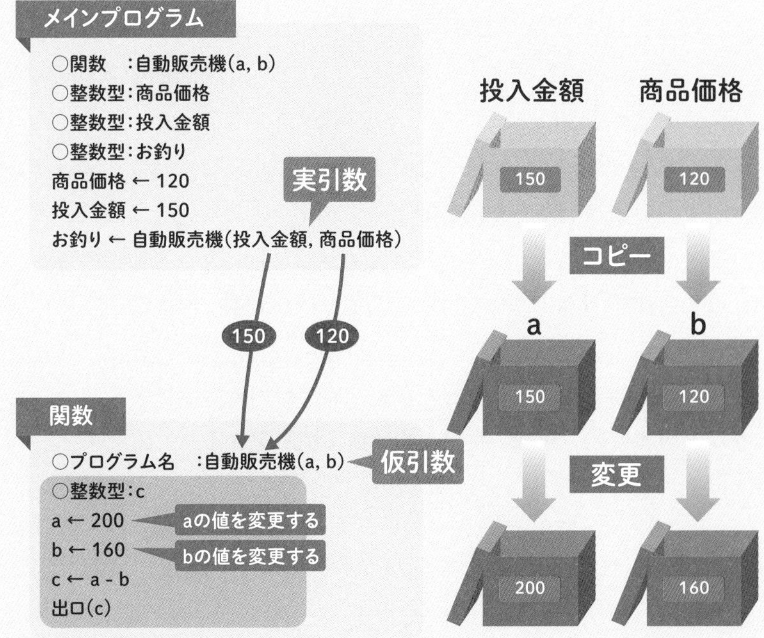

変数のスコープ(有効範囲)

変数には有効範囲（変数を使用できる範囲）があります。これを変数の**スコープ**と呼びます。

ローカル変数（局所変数）

ある手続きや関数の中で宣言した変数は、その手続きや関数の中（出口に着くまでの間）でしか使用できません。これを**ローカル変数**と呼びます。

複数の関数でたまたま同じ名前のローカル変数を宣言したとしても、それぞれの変数に割り当てられるメモリ領域は別です。そのため、変数の値を変更してもお互いに影響はありません。

グローバル変数（大域変数）

一方、手続きや関数の外で宣言した変数は、他の手続きや関数の中からでも使用できます。これを**グローバル変数**と呼びます。

- **ローカル変数：変数を宣言した手続きや関数内で使用できる。**
- **グローバル変数：複数の手続きや関数で使用できる。**

変数のスコープ（有効範囲）

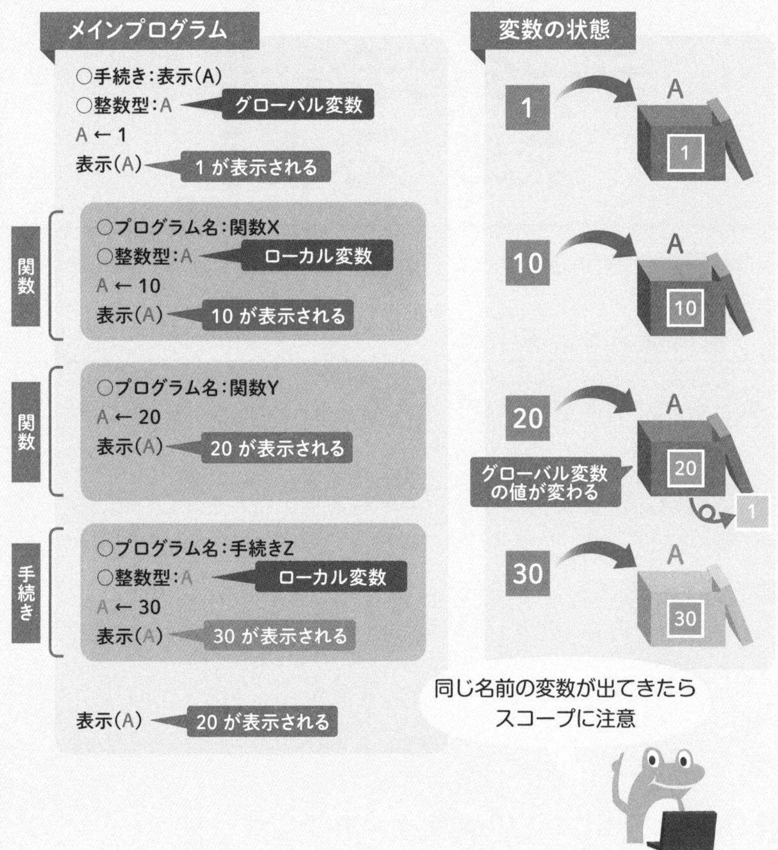
メインプログラム
○手続き：表示(A)
○整数型：A
グローバル変数
A ← 1
表示(A)
1 が表示される
関数
○プログラム名：関数X
○整数型：A
ローカル変数
A ← 10
表示(A)
10 が表示される
関数
○プログラム名：関数Y
A ← 20
表示(A)
20 が表示される
手続き
○プログラム名：手続きZ
○整数型：A
ローカル変数
A ← 30
表示(A)
30 が表示される
表示(A)
20 が表示される
変数の状態
1
A
10
20
グローバル変数の値が変わる
30
同じ名前の変数が出てきたらスコープに注意

Chapter 04

データの合計値を求めてみよう

合計値を求める手順

合計を求める手順はプログラムのいろんな場面で必要とされる基本的なアルゴリズムです。5教科のテストの合計点を求める手順を流れ図と疑似言語を使って表してみましょう。

【STEP1】変数を準備する

テストの点数が入った配列「点数」と要素番号を数える「番号」、合計を入れる「合計」を用意します。番号と合計には0を入れておきます。

【STEP2】1教科目の点数を合計に足す

番号が指す要素（点数[0]）の値を合計に加算して、番号を1だけ増やします。

【STEP3】最後の番号まで繰り返す

最後の番号（番号=4）まで【STEP2】を繰り返すと、合計が求まります。

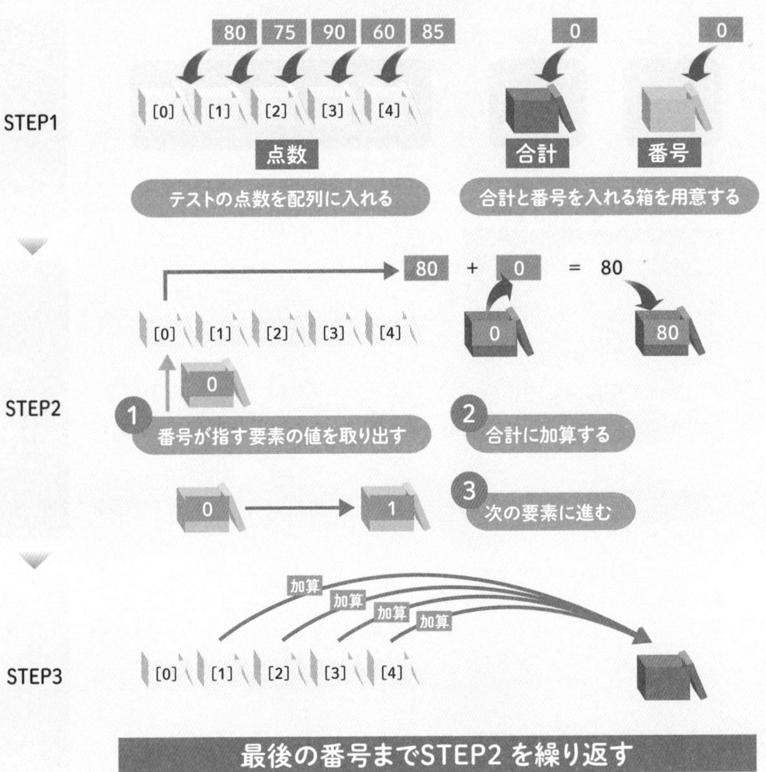
合計を求める手順
80
75
90
60
85
0
0
[0]
[1]
[2]
[3]
[4]
STEP1
点数
合計
番号
テストの点数を配列に入れる
合計と番号を入れる箱を用意する
80
+
0
=
80
STEP2
1
番号が指す要素の値を取り出す
2
合計に加算する
3
次の要素に進む
加算
加算
加算
加算
STEP3
最後の番号までSTEP2 を繰り返す

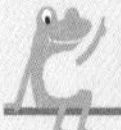

合計値を求める流れ図(フローチャート)

合計を求める流れ図は次のようになります。

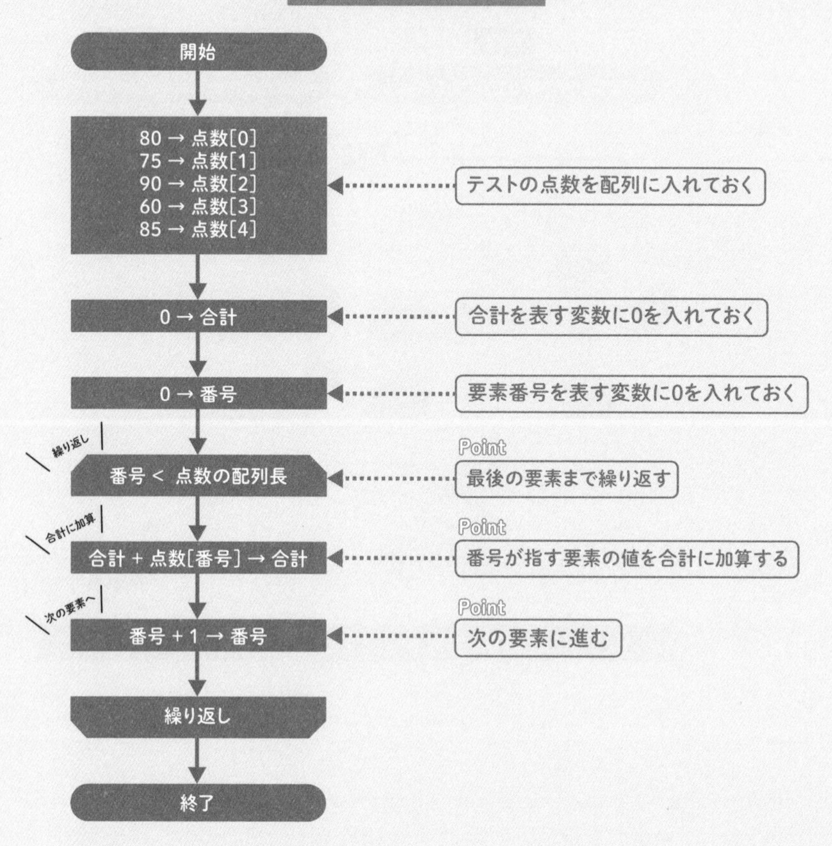

合計値を求める流れ図

合計値を求めるプログラム

疑似言語とJavaScriptでプログラムを記述すると次のようになります。

合計値を求めるプログラム

疑似言語

宣言部

```
○整数型：点数[5]
○整数型：合計
○整数型：番号
```

処理部

```
点数 ← [80, 75, 90, 60, 85]
合計 ← 0
番号 ← 0

番号 < 点数の配列長　の間繰り返す
    合計 ← 合計 + 点数[番号]
    番号 ← 番号 + 1
```

繰り返し

JavaScript

```
const score  = [80,75,90,60,85];
let total = 0;
for ( let i = 0; i < score.length; i++ ) {
  total = total + score[i];
}
```

JavaScriptの文法では…

・変数はlet、定数はconstをつけて宣言します。
・変数のデータ型は値を代入した時点で自動的に決まります。
・慣習的に変数名や関数名に日本語は使用しません。
・命令文の最後にセミコロン「;」を書きます。
・「i++」は「i = i + 1」と同じです。

Chapter 04

データの平均値を求めてみよう

平均値を求める流れ図（フローチャート）

5教科のテストの平均点を求めてみましょう。平均は「合計÷要素数」で求められます。前のページで作成した合計を求める繰り返し処理に「合計計算」という名前をつけて定義済み処理記号（84ページ）を使うと、流れ図は次のように表せます。

平均値を求める流れ図

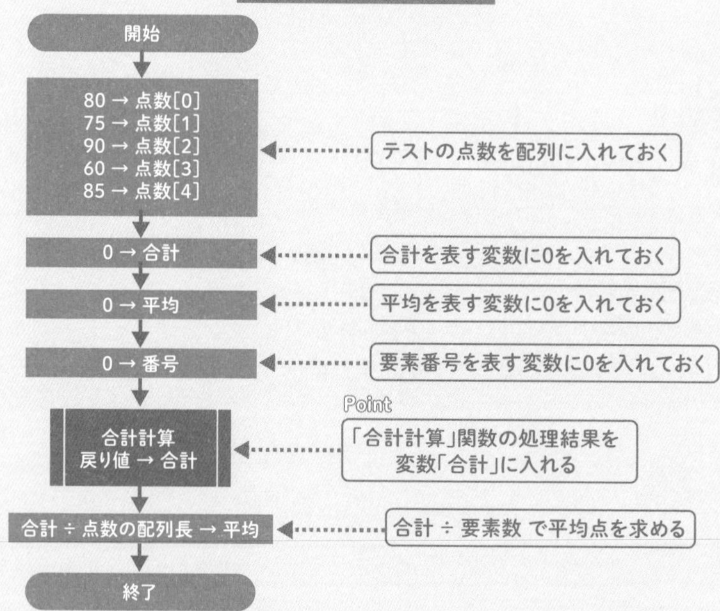

平均値を求めるプログラム

疑似言語とJavaScriptでプログラムを記述すると次のようになります。

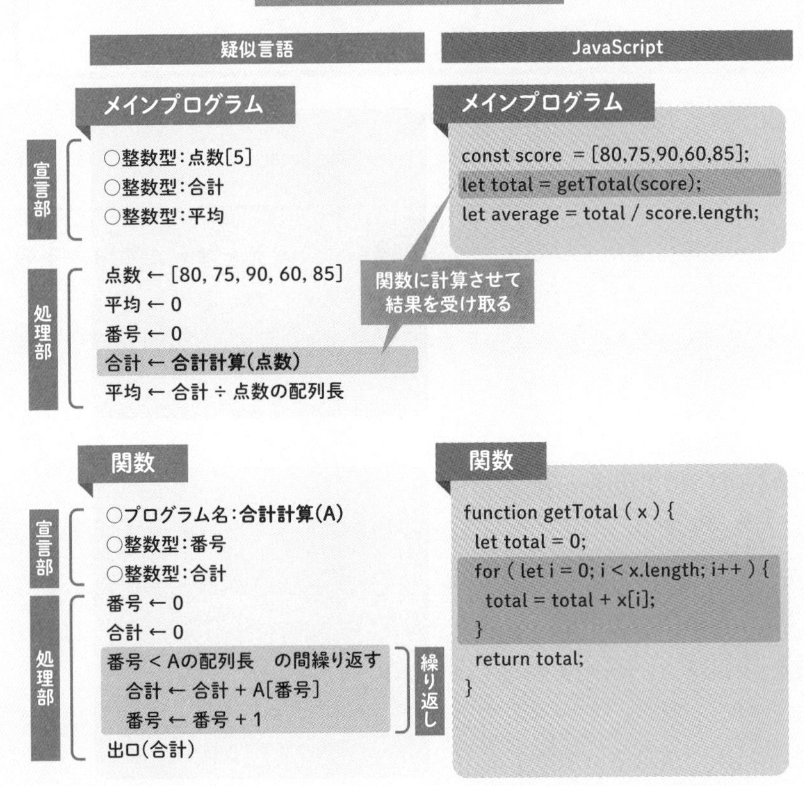

平均値を求めるプログラム

疑似言語

メインプログラム

宣言部
```
○整数型：点数[5]
○整数型：合計
○整数型：平均
```

処理部
```
点数 ← [80, 75, 90, 60, 85]
平均 ← 0
番号 ← 0
合計 ← 合計計算(点数)
平均 ← 合計 ÷ 点数の配列長
```

関数

宣言部
```
○プログラム名：合計計算(A)
○整数型：番号
○整数型：合計
```

処理部
```
番号 ← 0
合計 ← 0
番号 < Aの配列長　の間繰り返す
  合計 ← 合計 + A[番号]
  番号 ← 番号 + 1
出口(合計)
```

繰り返し

JavaScript

メインプログラム

```
const score  = [80,75,90,60,85];
let total = getTotal(score);
let average = total / score.length;
```

関数に計算させて結果を受け取る

関数

```
function getTotal ( x ) {
  let total = 0;
  for ( let i = 0; i < x.length; i++ ) {
    total = total + x[i];
  }
  return total;
}
```

JavaScriptの文法では…

・関数は、function 関数名(引数) {...} で定義します。

・関数の戻り値は、returnをつけます。

Chapter 04

2つのデータを交換してみよう

データを交換する手順

データの探索や並び替えをするとき、2つのデータを入れ替える場面が頻繁に登場します。AとBを入れ替えるには、Bを別の場所Cにコピー（B→C）してからAをBにコピー（A→B）し、最後にCをAにコピー（C→A）します。

【STEP1】変数を用意する

入れ替える2つのデータが変数AとBに入っているとして、入れ替えるデータを一時的に預けておくための変数Cを用意します。

【STEP2】データを移し替える

B→C、A→B、C→Aの順番にデータをコピーすると、結果的にAとBの値が交換されます。

2つのデータを同時に交換することはできないので、どちらかのデータを一時的に預けておくための変数を利用します。

データを交換する手順

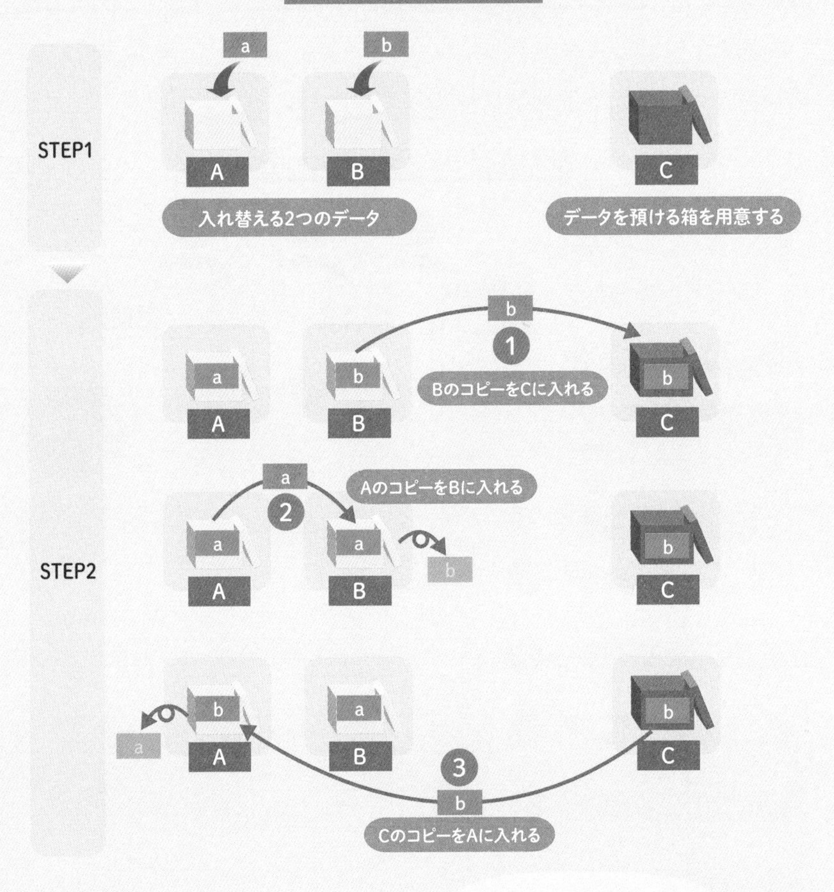

STEP1

a → A　b → B　C

入れ替える2つのデータ

データを預ける箱を用意する

STEP2

① Bのコピーを Cに入れる（b）

② Aのコピーを Bに入れる（a）

③ Cのコピーを Aに入れる（b）

データを退避するのがコツ

配列要素を交換する流れ図(フローチャート)

配列「リンゴ、バナナ、オレンジ」を「バナナ、オレンジ、リンゴ」の順番に入れ替える流れ図は次のようになります。

配列要素を交換する流れ図

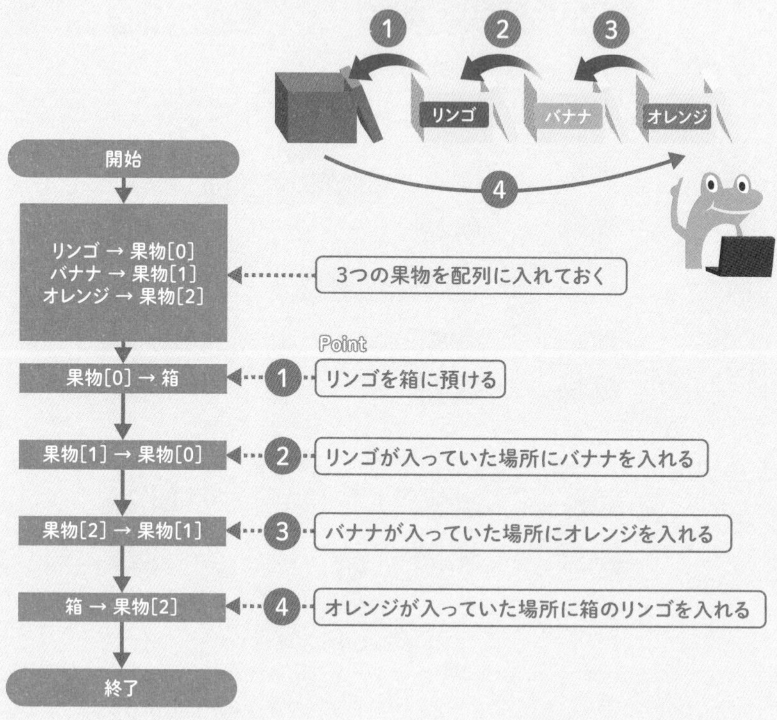

要素Aを箱に預けたら、要素Aに要素Bをコピー、要素Bに要素Cをコピー、というように空いた場所へ別の要素を入れていきます。

配列要素を交換するプログラム

疑似言語とJavaScriptでプログラムを記述すると次のようになります。

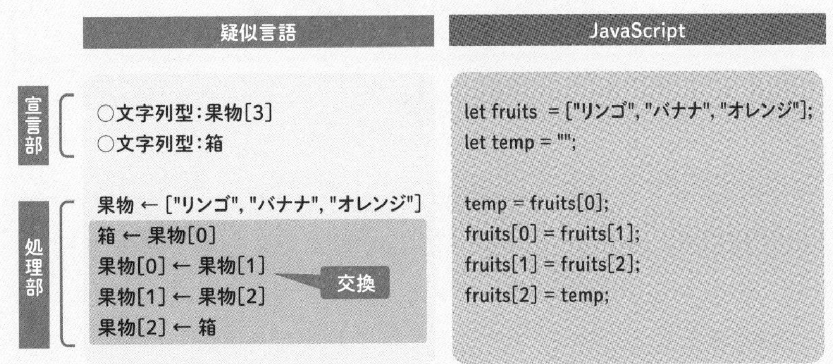

同じデータ型の箱に預けるよ

JavaScriptの文法では…

・変数の宣言と同時に初期値を代入することができます。

・文字列型の変数は引用符「"または'」で値を囲みます。

Chapter 04

データの最大値を求めてみよう

最大値を求める手順

最大値を求めるには、「勝ち残り」の考え方を利用します。5教科のテストの点数から最大値を求める手順を流れ図と疑似言語を使って表してみましょう。

【STEP1】変数を準備する

テストの点数が入った配列「点数」と要素番号を数える「番号」、最大値を入れる「最大」を用意します。番号には1を入れ、「最大」には1教科目の点数（点数[0]）を入れておきます。これが**仮の最大値**という意味になります。

【STEP2】2教科目の点数を仮の最大値と比較する

番号が指す要素（点数[1]）が「最大」よりも大きければ、「最大」に点数[1]を入れて仮の最大値の座を交代します。「最大」よりも小さければ何もしません。次の要素に行くために番号を1だけ増やします。

【STEP3】最後の番号まで繰り返す

最後の番号（番号=4）まで【STEP2】を繰り返すと、最大値が求まります。

最大値を求める手順

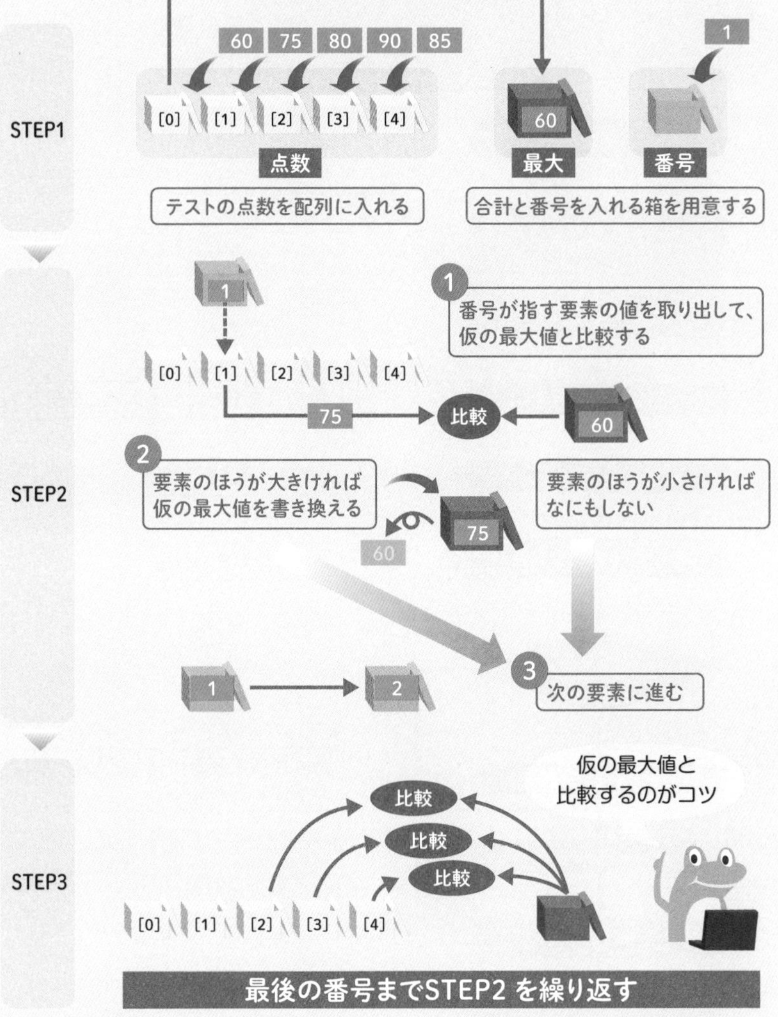

STEP1
60
75
80
90
85
1
[0]
[1]
[2]
[3]
[4]
60
点数
最大
番号
テストの点数を配列に入れる
合計と番号を入れる箱を用意する
STEP2
1
番号が指す要素の値を取り出して、
仮の最大値と比較する
75
比較
60
2
要素のほうが大きければ
仮の最大値を書き換える
75
60
要素のほうが小さければ
なにもしない
3
次の要素に進む
1
2
STEP3
仮の最大値と
比較するのがコツ
比較
比較
比較

最後の番号までSTEP2 を繰り返す

最大値を求める流れ図(フローチャート)

最大値を求める流れ図は次のようになります。

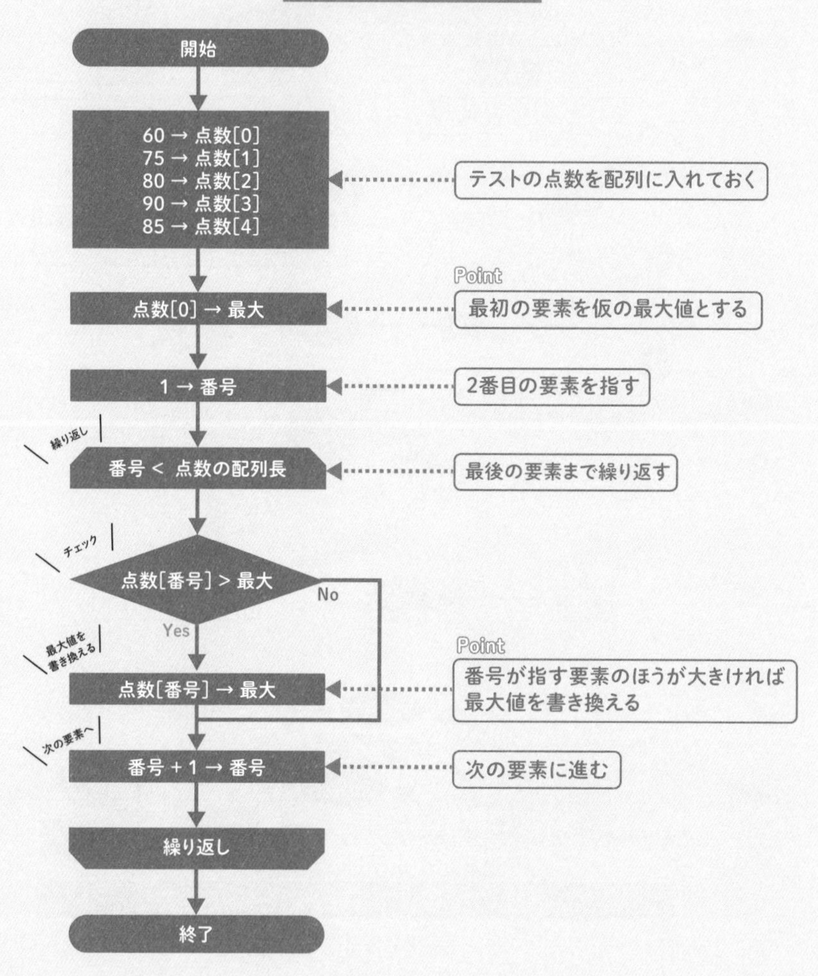

最大値を求める流れ図

開始

60 → 点数[0]
75 → 点数[1]
80 → 点数[2]
90 → 点数[3]
85 → 点数[4]

テストの点数を配列に入れておく

点数[0] → 最大

Point
最初の要素を仮の最大値とする

1 → 番号

2番目の要素を指す

繰り返し

番号 < 点数の配列長

最後の要素まで繰り返す

チェック

点数[番号] > 最大

No

Yes

最大値を書き換える

点数[番号] → 最大

Point
番号が指す要素のほうが大きければ
最大値を書き換える

次の要素へ

番号 + 1 → 番号

次の要素に進む

繰り返し

終了

最大値を求めるプログラム

疑似言語とJavaScriptでプログラムを記述すると次のようになります。

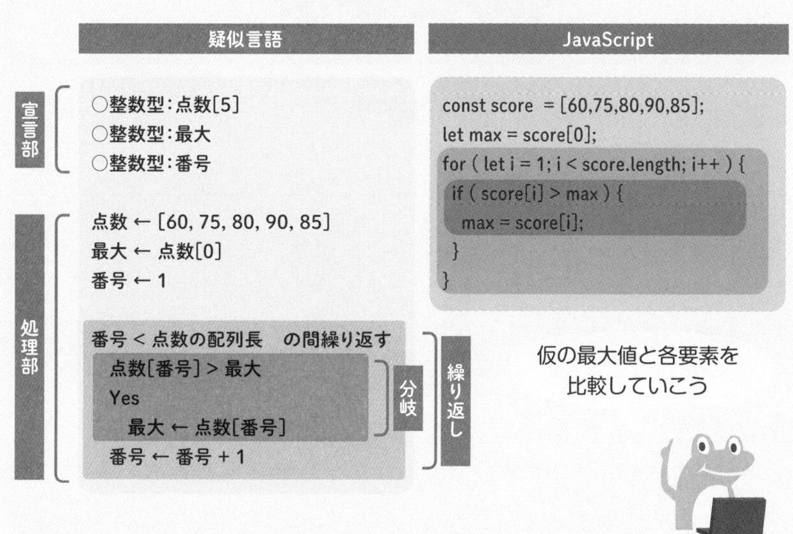

JavaScriptの文法では…

・配列の長さはlengthプロパティに入っています。

・反復や分岐の範囲を{ }で記述します。

Chapter 04

データの最小値を求めてみよう

最小値を求める手順

最小値を求めるときも、「勝ち残り」の考え方を利用します。5教科のテストの点数から最小値を求める手順を流れ図と疑似言語を使って表してみましょう。

【STEP1】変数を準備する

テストの点数が入った配列「点数」と要素番号を数える「番号」、最小値を入れる「最小値」を用意します。番号には1を入れ、最小値には1教科目の点数（点数[0]）を入れておきます。これが**仮の最小値**という意味になります。

【STEP2】2教科目の点数を仮の最小値と比較する

番号が指す要素（点数[1]）が「最小値」よりも小さければ、「最小値」に点数[1]を入れて仮の最小値の座を交代します。「最小値」よりも大きければ何もしません。次の要素に行くために番号を1だけ増やします。

【STEP3】最後の番号まで繰り返す

最後の番号（番号=4）まで【STEP2】を繰り返すと、最小値が求まります。

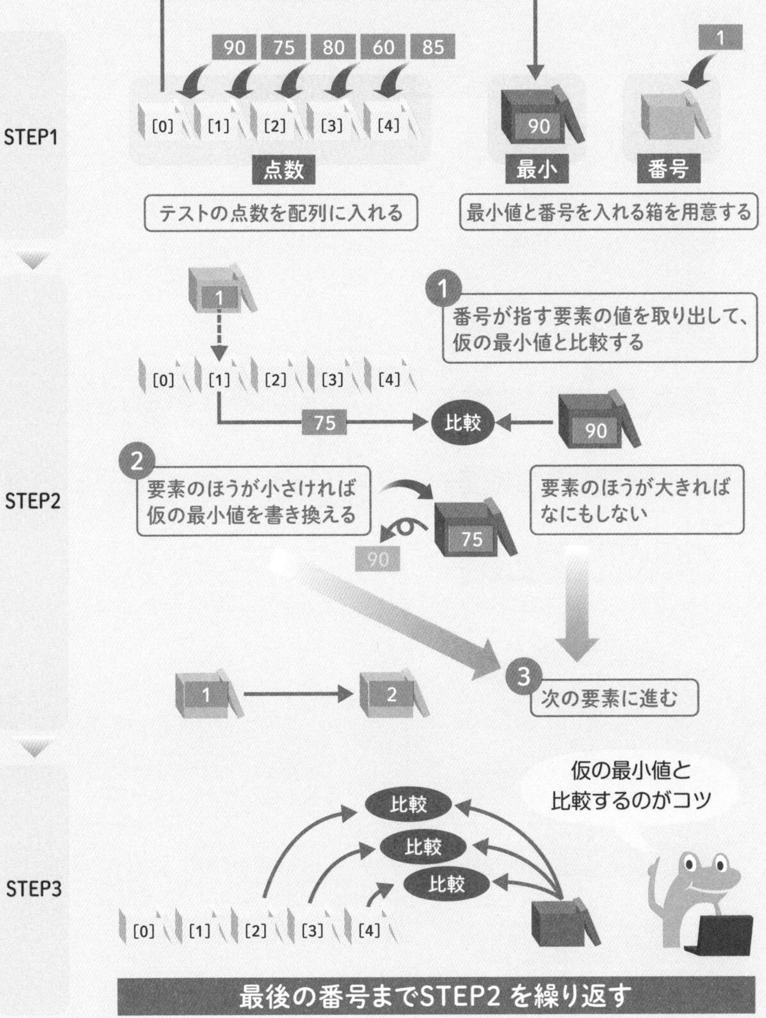
最小値を求める手順
STEP1
90
75
80
60
85
1
[0]
[1]
[2]
[3]
[4]
90
点数
最小
番号
テストの点数を配列に入れる
最小値と番号を入れる箱を用意する
STEP2
1
1
番号が指す要素の値を取り出して、
仮の最小値と比較する
[0]
[1]
[2]
[3]
[4]
75
比較
90
2
要素のほうが小さければ
仮の最小値を書き換える
75
90
要素のほうが大きければ
なにもしない
1
2
3
次の要素に進む
STEP3
比較
比較
比較
[0]
[1]
[2]
[3]
[4]
仮の最小値と
比較するのがコツ
最後の番号までSTEP2 を繰り返す

最小値を求める流れ図（フローチャート）

最小値を求める流れ図は次のようになります。

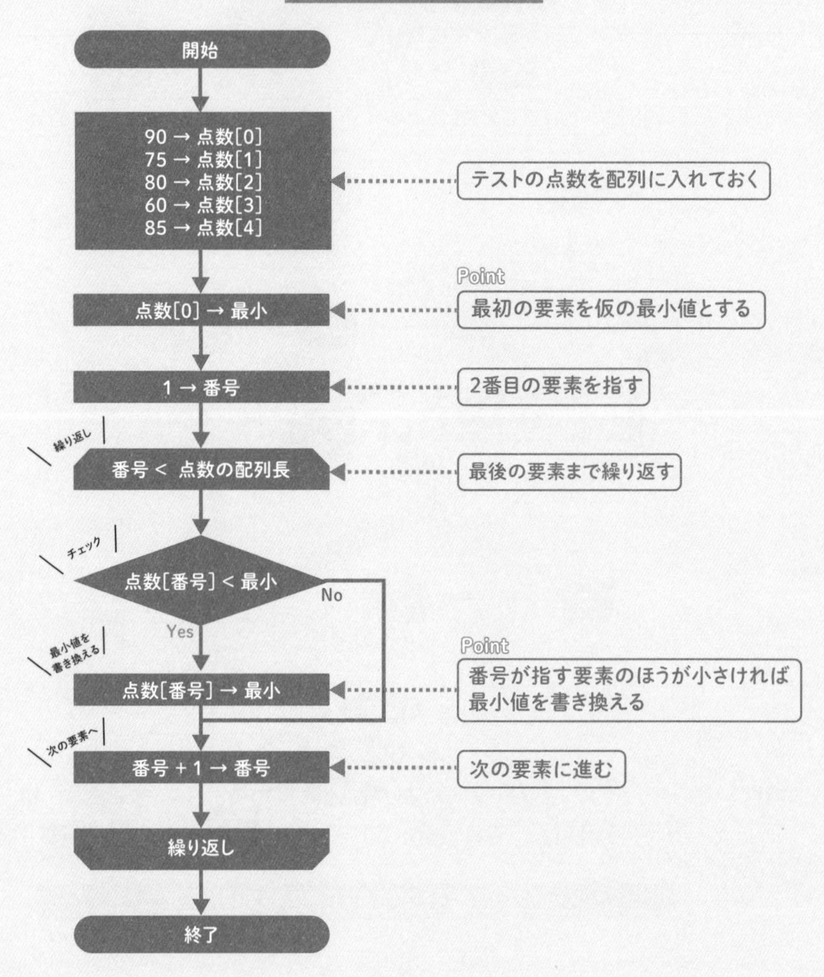

最小値を求める流れ図

開始

90 → 点数[0]
75 → 点数[1]
80 → 点数[2]
60 → 点数[3]
85 → 点数[4]

テストの点数を配列に入れておく

点数[0] → 最小

Point
最初の要素を仮の最小値とする

1 → 番号

2番目の要素を指す

繰り返し

番号 < 点数の配列長

最後の要素まで繰り返す

チェック

点数[番号] < 最小

No

Yes

最小値を書き換える

点数[番号] → 最小

Point
番号が指す要素のほうが小さければ
最小値を書き換える

次の要素へ

番号 + 1 → 番号

次の要素に進む

繰り返し

終了

最小値を求めるプログラム

疑似言語とJavaScriptでプログラムを記述すると次のようになります。

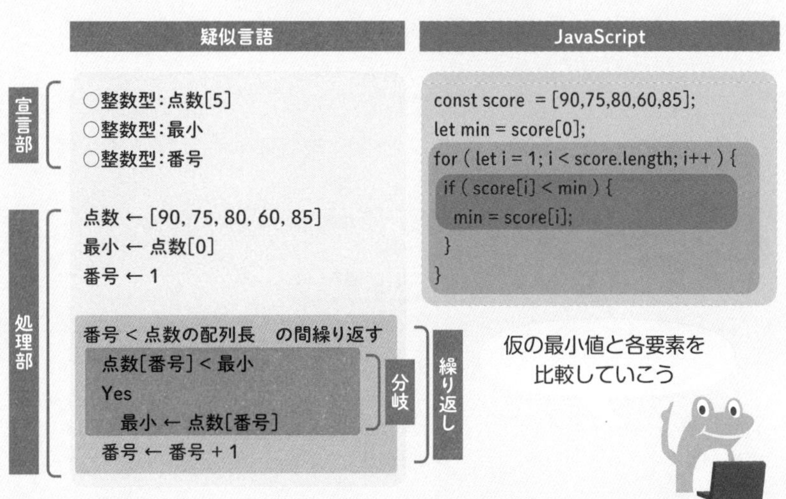

JavaScriptの文法では…

- ビルトイン（組み込み済み）の数学関数も利用できます。
- 配列scoreの最大値はMath.max(...score)で求められます。
- 配列scoreの最小値はMath.min(...score)で求められます。

流れ図を作成するのは何のため？

プログラミングとは「手順を言語化する行為」と言えます。もし手順が間違っていると、言語化したプログラムにも間違いが含まれることになります。

プログラム開発の実務では、手順に間違いがないかを確認するための「設計」という工程があり、設計を行ってからプログラミング（言語化）に移ります。流れ図を作成する行為はまさに設計そのものです。

頭に思い浮かべたアルゴリズムをすぐプログラミング言語に置き換えようとすると間違いをしやすいですが、いったん流れ図に落とし込んで処理の流れを可視化して整理すると、その過程で論理的な間違いに気付きやすくなり、プログラムを作成するよりも前の段階で修正することができます。

流れ図の位置付け

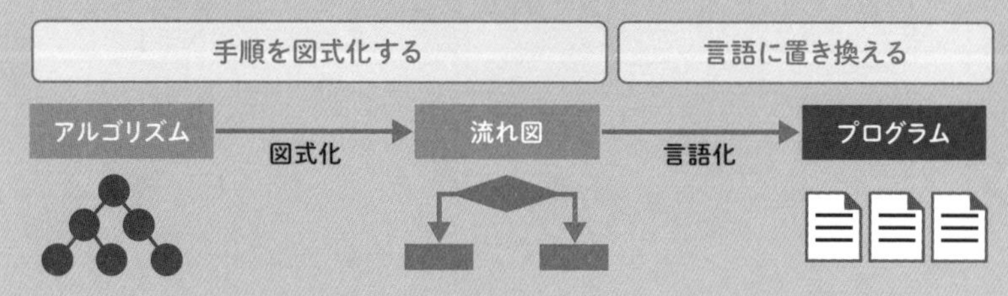

再帰的アルゴリズム

Chapter 05

「再帰的」とは？

「合わせ鏡」のような状態

鏡と鏡を向かい合わせに置くと、鏡の中に鏡が無限に映ります。仮に2枚の鏡をA、Bとして、引数で渡した物を映す関数に「鏡」という名前をつけると、Aは鏡(B)と表すことができます。鏡AにはBが映っているからです。今度は鏡Bの立場で考えると、Bは鏡(A)と表すことができます。鏡BにはAが映っているからです。これを鏡(B)のBの部分に当てはめると、Aは鏡(鏡(A))と表せることになります。

この操作をずっと続けていくと、Aは鏡(鏡(鏡(鏡(鏡(...)))))のように無限に繰り返す形になります。このような構造を**再帰的な構造**と呼びます。

もっと一般的な言い方をすると、再帰的とは「何らかの定義について、その定義の中に、更にその定義されるべきものが含まれている状態」を指します。プログラミングにおいては、ある処理の内部から再びその処理を呼び出すことを再帰処理と呼びます（72ページ）。

再帰的な構造をもつ関数を再帰関数、再帰的な処理を再帰処理と呼びます。

鏡の再帰的な構造

無限に続く合わせ鏡

「鏡」の定義の中に
「鏡」があるから繰
り返すんだね

「鏡」関数のイメージ

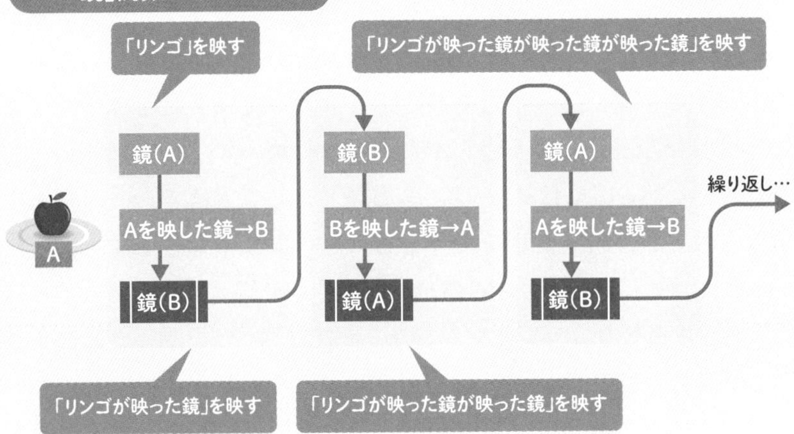

Chapter 05

再帰的な処理のイメージをつかもう

お皿が空になるまで食べる

もう少し具体的に再帰処理の流れをつかむために、リンゴを1個だけ食べるカエル関数を考えてみましょう。カエルは目の前に置かれたお皿からリンゴを1個だけ取って食べます。

今ここに、たっぷりリンゴが乗ったお皿があります。何個あるのかは食べ進めていかないとわかりません。カエル関数を少し改造して、リンゴを全部食べさせるにはどうすればよいでしょうか？　カエルはリンゴを一度に1個しか食べないので、「1回の呼び出しで、リンゴを全部一気に食べる」ような関数にすることはできません。

こんなとき、再帰処理を使うと右の図のようになります。カエル関数が行う手続きを「今、お皿が空かどうかを調べる。空だったら何もしない。空でなかったらリンゴを1個だけ食べて、残ったお皿をふたたび自分の目の前に置く」という流れに変更します。

こうすると、**お皿にリンゴが残っている間は何回でも自分自身を呼び出すことになる**ので、リンゴは1個ずつ減っていきます。そして、やがてお皿が空になるとカエルは何もしなくなり、空のお皿だけがその場に残ります。

再帰的なカエル関数

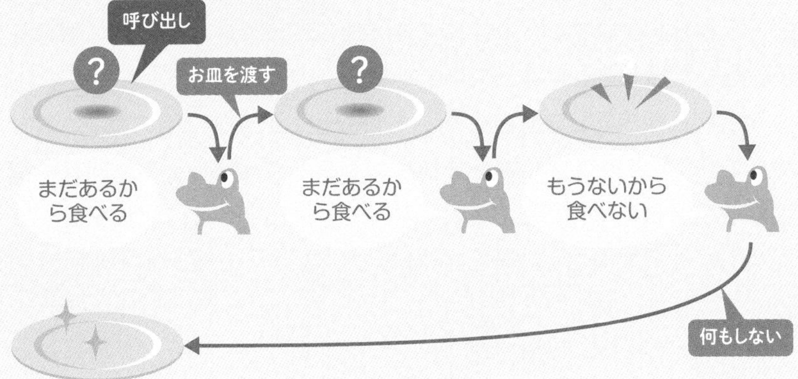

1回の呼び出しで
全部食べることが
できる

再帰処理の流れ

具体例として、お皿にリンゴが3個ある場合の処理の流れを詳しく見ていきましょう。最初に関数を呼び出したときが図の❶です。この時点ではリンゴが3個あるので、カエルは1個食べて自分の前にお皿を置きます。ここでプログラムは**1回目の関数を終了する前に**図の❷へ進みます。この時点ではお皿にリンゴが2個あるので、カエルは1個食べて自分の前にお皿を置きます。ここでプログラムは**2回目の関数を終了する前に**図の❸へ進みます。この時点ではお皿にリンゴが1個あるので、カエルは1個食べて自分の前にお皿を置きます。ここでプログラムは**3回目の関数を終了する前に**図の❹へ進みます。

図の❹ではリンゴがないので、4回目の関数は5回目の関数を呼び出すことをしないで終了します。するとプログラムは**4回目の関数を呼び出した場所**（図の❸）に戻ってきて、3回目の関数を終了します。するとプログラムは**3回目の関数を呼び出した場所**（図の❷）に戻ってきて、2回目の関数を終了します。するとプログラムは**2回目の関数を呼び出した場所**（図の❶）に戻ってきて、1回目の関数を終了します。ここで全ての処理が終了します。複雑な仕組みですが、流れ図はとてもシンプルです。

このように、再帰処理を使ったプログラムでは、何らかの条件を満たすまで何度も自分自身を連鎖的に呼び出し、条件が満たされたら呼び出された順番を逆にたどって最初の呼び出しまで戻っていきます。

再帰処理の流れ

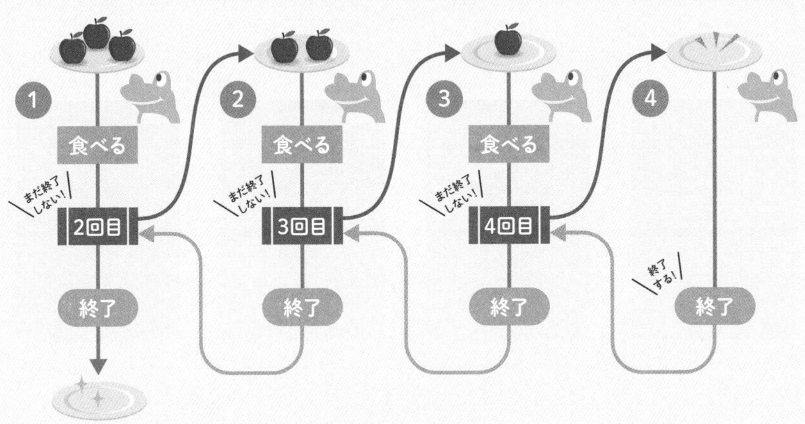

再帰処理の流れ図

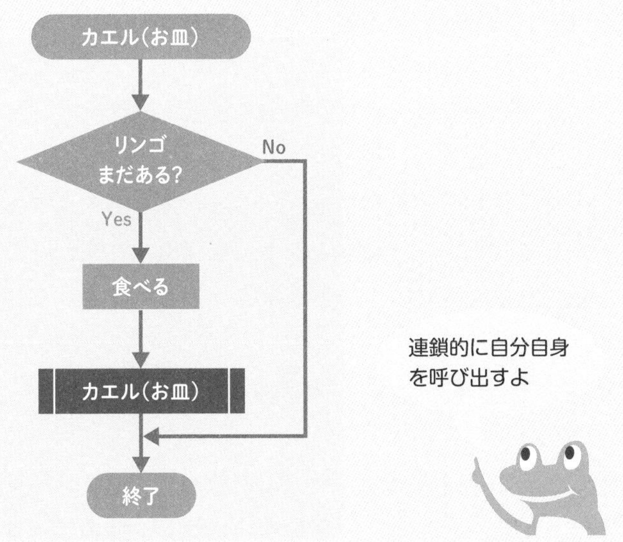

Chapter 05

データの合計を再帰的に求めてみよう

100個の数字の合計を求めよう

数字が書かれたカードが100枚入った箱があります。再帰アルゴリズムを使って合計を求める手順を考えてみましょう。

【STEP1】カードを1枚だけ取り出す関数

いきなり再帰処理を考えるのは難しいので、まずはカードを1枚だけ取り出す関数Aを考えます。関数Aは、「箱が空でなければカードを1枚だけ取り出して、書かれていた数字を返す。箱が空だったら、0が書いてあるカードを取り出したことにして0を返す」という単純なことをする関数です。関数Aを1回呼び出すと箱からカードが1枚減り、呼び出し元へそのカードの数字が返されます。

【STEP2】全てのカードを再帰的に取り出す

カードを取り出した後、箱をふたたび自分自身に渡すように関数Aを変更します。こうすると、箱から2枚目、3枚目…100枚目まで全てのカードが取り出されていきます。しかし、このままでは1枚目の数字しか返ってこないので、2枚目以降のカードが合計されません。

カードを1枚だけ取り出す

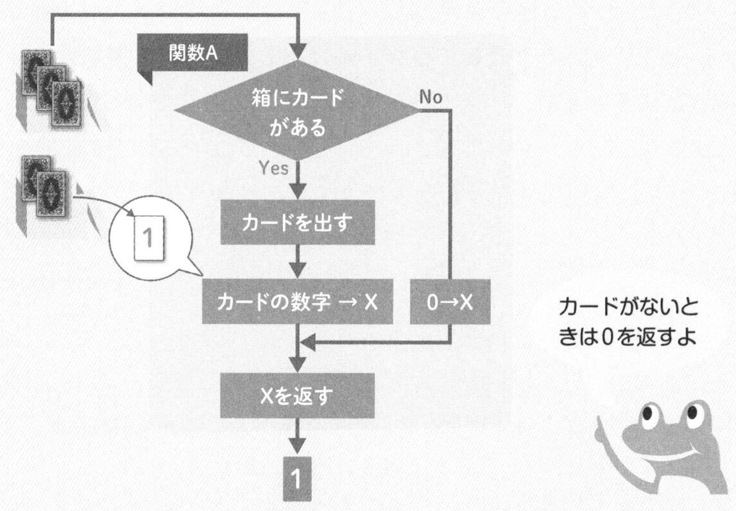

全てのカードを取り出す（カード3枚の場合）

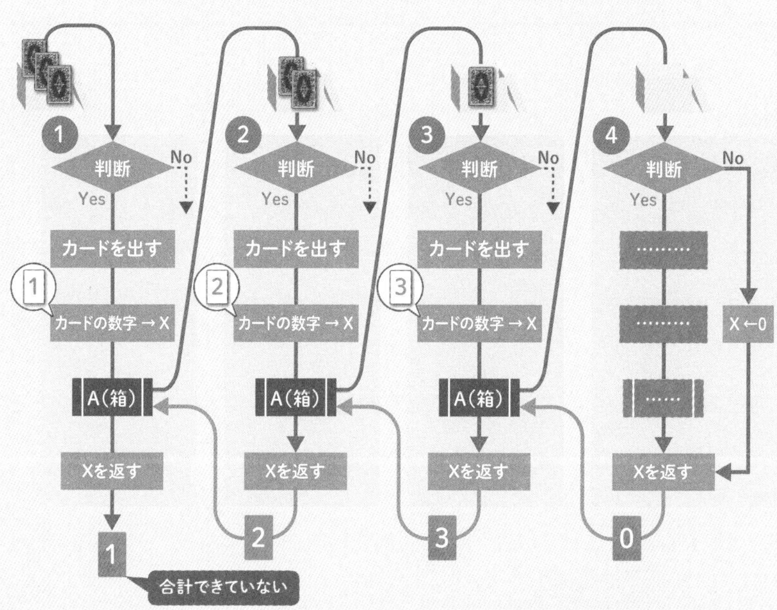

【STEP3】関数の戻り値を合計に加える

2枚目以降のカードを合計するには、1回目の関数Aには「**自分が取り出したカードの番号と、自分が呼び出した2回目の関数Aから返された戻り値の合計**」を返させます。同様に2回目の関数Aには「自分が取り出したカードの番号と、自分が呼び出した3回目の関数Aから返された戻り値の合計」を返させます。このように関数Aの手続きを変更すると、右の図のように1回目、2回目、3回目…100回目の関数Aが取り出したカードが次々と合計されていき、最初の呼び出し元に全てのカードの合計が戻ってきます。

再帰の手続きには、自分自身を呼び出すのをやめる条件（再帰を終了して折り返す判定条件）が必ず含まれるようにします。

流れ図

100個の数値の合計を求める流れ図は右のようになります。Chapter04では反復（繰り返し）を使って配列の合計を求めましたが、再帰を使うと「何回まで繰り返すか？」「今、何個目の要素まで数えたか？」といった繰り返しの制御がいらないので、流れ図がシンプルになります。

カードの数字を合計する（カード3枚の場合）

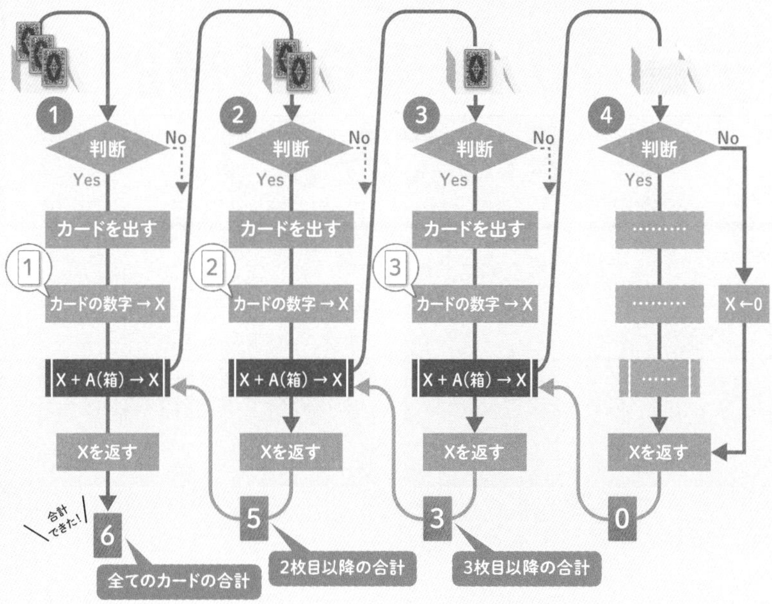

カードの数字を合計する流れ図

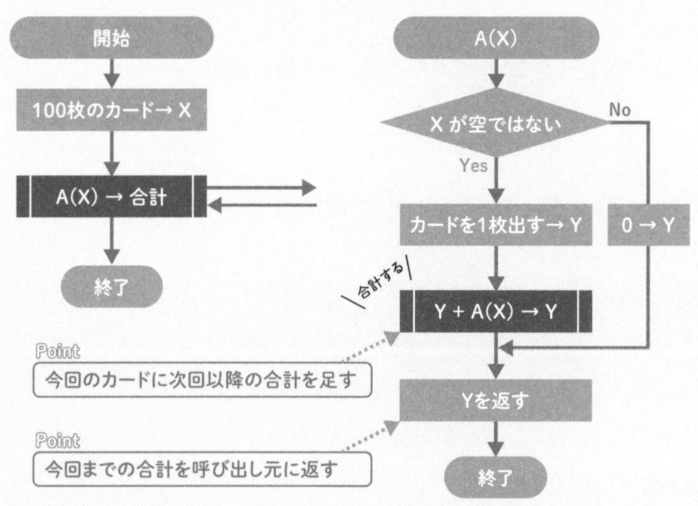

Chapter 05

データの階乗を再帰的に求めてみよう

階乗とは？

階乗とは、ある整数Nに対してN以下の全ての整数を掛け算した結果を指します。たとえば4の階乗は4×3×2×1=24のようにして掛け算を4回すると求まります。再帰アルゴリズムを使って10の階乗を求める手順を考えてみましょう。

【STEP1】1回だけ掛け算する関数

10を引数として受け取ったら1回目の掛け算「10×9」を行う関数Aを考えます。Aは、「引数Nが1より大きかったらN×N-1を計算して結果を返し、Nが1以下だったら何も計算しなかったことにして1を返す」という単純な関数です。この操作はA(10)と表せます。

【STEP2】全ての整数を再帰的に取り出す

A(10)を計算したら、引数を1だけ減らした9をふたたび自分自身に渡すようにAを変更します。こうすると、A(9)、A(8)…A(3)、A(2)というように、10以下の全ての整数に対して1回ずつ掛け算が行われます。しかし、このままでは1回目に計算した10×9しか返ってこないので、2回目以降の計算（8以下の掛け算）が最終的な結果に反映されません。

1回だけ掛け算する関数（STEP1）

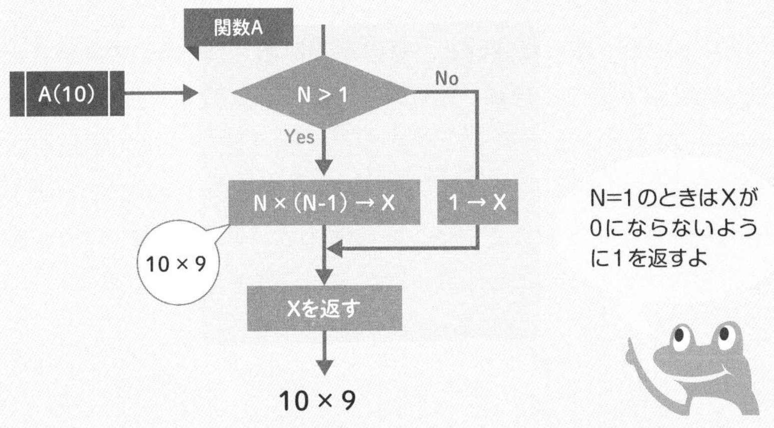

全ての整数を再帰的に取り出す（STEP2）

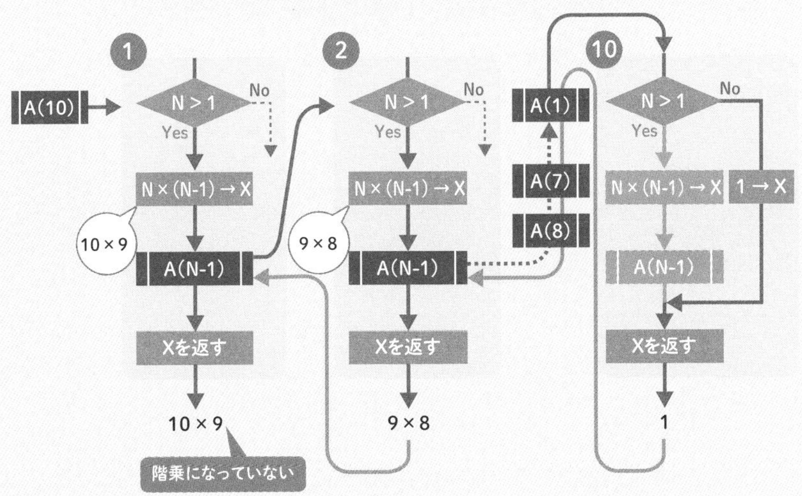

【STEP3】関数の戻り値を掛け算に反映する

2回目以降の計算を最終的な結果に反映するには、1回目の関数Aには「**自分が受け取った数値と、自分が呼び出した2回目の関数Aから返された戻り値を掛け算した結果**」を返させます。同様に2回目の関数Aには「自分が受け取った数値と、自分が呼び出した3回目の関数Aから返された戻り値を掛け算した結果」を返させます。このように関数Aの手続きを変更すると、右の図のように1回目から10回目までの関数Aがそれぞれ受け取った数値が次々と掛け算されていき、最初の呼び出し元に10の階乗が戻ってきます。

流れ図とプログラム

階乗を求める流れ図とプログラムは右のようになります。関数Aの引数は整数なら何でもよいので、A(20)とすると20の階乗(20!=2432902008176640000)という非常に大きな数値も全く同じアルゴリズムで計算できます。

関数の戻り値を掛け算に反映する（STEP3）

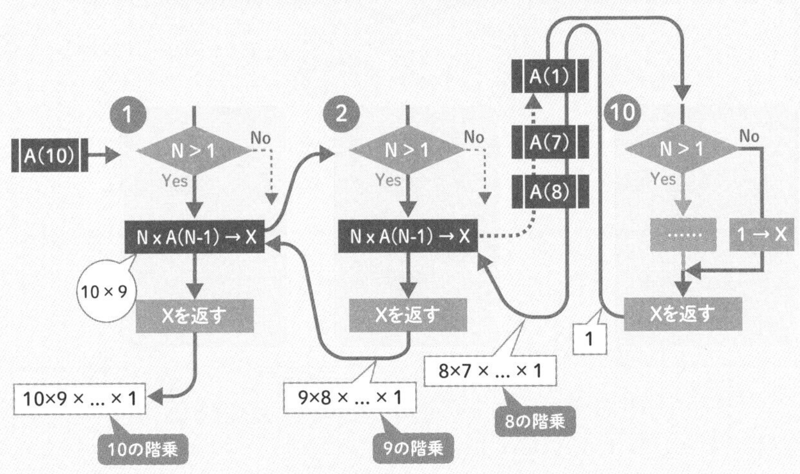

流れ図とプログラム

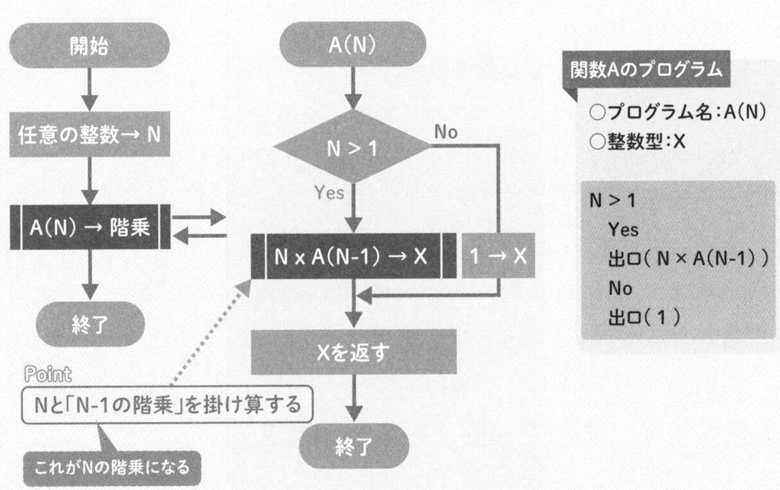

Chapter 05

「ハノイの塔」どこまで解けるかな？

ハノイの塔とは？

ハノイの塔とは、1つの棒に通された数枚の円盤を、定められたルールに従って他方の棒に移動するパズルゲームです。ルールは以下の3つです。

【3つのルール】
①1回に1枚の円盤しか移動できない
②移動した円盤はそれより大きな円盤の上に乗せる
③移動した円盤は3本の棒のいずれかに必ず差し込む

たとえば右の図のように、一度に2枚の円盤を持ち上げたり、小さい円盤の上に大きい円盤を乗せたり、板の外に円盤を退避させたりしてはいけません。

最も少ない回数で移動できる手順は？

3つの棒をA、B、Cと呼ぶことにします。円盤がN枚のとき、最も少ない回数でAにある塔をCに移動するにはどうすればよいでしょうか？　N＝1の場合（1階建ての塔）から始めて、一般のNの場合の手順を探っていきましょう。

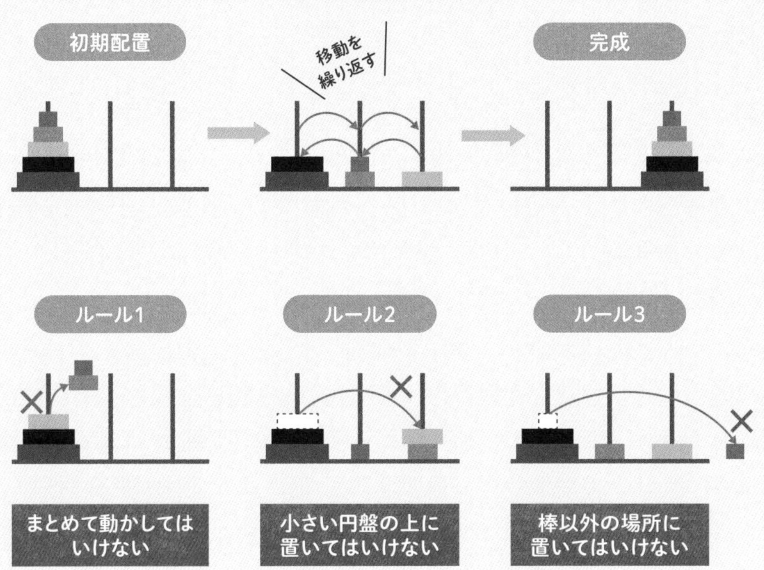

どうすれば塔を移動
できるかな？

ハノイの塔（1階建て）

円盤が1枚の場合は、円盤1をAからCに移動するだけです。

ハノイの塔（2階建て）

円盤が2枚の場合は、まず一番上の円盤1をBかCに移動しなければなりません。どちらに移動するかでその後の手順が変わるので、右の図のように枝分けして表すことにしましょう。

1回目は円盤1を動かしたので2回目は円盤2を動かしますが、小さな円盤の上に大きな円盤を乗せてはいけないので、2回目の移動パターンのうち2つは除外します。3回目は円盤1を動かしますが、全部で4パターンの動かし方があります。このうち1つが正解（塔がCに移動した）と一致したので、この手順が正解ということになります。

手順を記号で表してみよう

ここで、上からn枚目の円盤をfromの棒からtoの棒へ移動する操作をX(n,from,to)と書くことにすると、N=1の答えはX(1,A,C)で移動回数は1回、N＝2の答えはX(1,A,B)→X(2,A,C)→X(1,B,C)で移動回数は3回と表せます。

言葉で書くと「❶円盤1をAからBへ移動、❷円盤2をAからCへ移動、❸円盤1をBからCへ移動」になります。

ハノイの塔（1階建て）

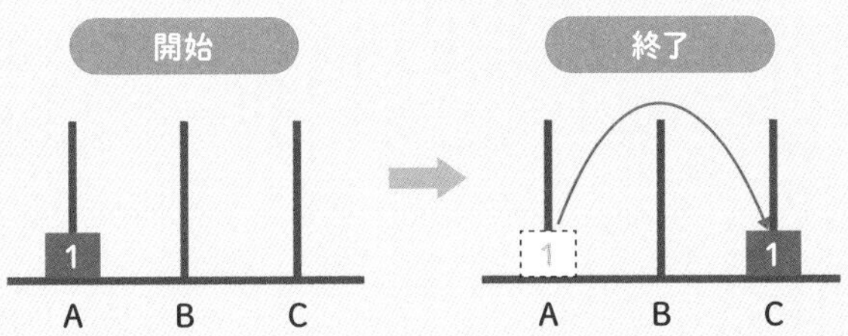

1回移動するだけだから簡単♪

ハノイの塔（2階建て）

いま動かせる円盤を見つけて、どこに移動させるかで枝分けしよう

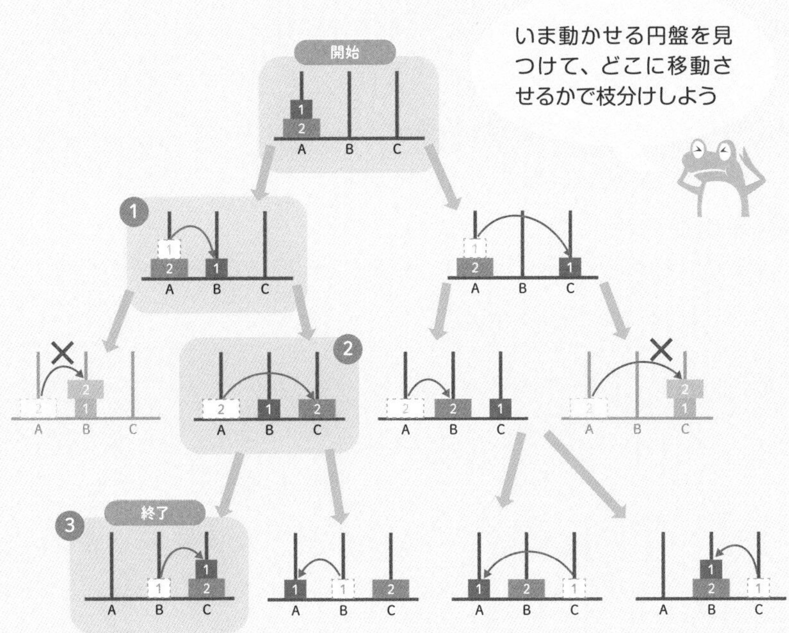

ハノイの塔（3階建て）

円盤が3枚の場合も同様に、「次に動かせる円盤はどれか？」「その円盤はどの棒に移動できるか？」を漏れなく丁寧に枝分けしていきましょう。枝分けしたパターンのうち、ルールに違反するもの（小さい円盤の上に大きい円盤が乗ってしまうパターン）を除外することに注意すると、N=2の塔よりもたくさん移動しなければなりませんが、最終的に右の図のパターンが最短7回で移動できる正解になります。

2階建ての塔が移動回数3だったのに対し、塔の高さが1階増えただけで移動回数は7になりました。手順が2倍以上に増えることがわかります。この感覚でいくと、4階建ての場合はさらに倍以上になり、5階建ての場合はさらにその倍以上になることが予想されます。手作業で解いていくのは限界がありそうです。

手順を記号で表してみよう

2階建ての場合と同じように3階建ての場合の最短手順を記号で表すと、次のようになります。

X(1,A,C)→X(2,A,B)→X(1,C,B)→X(3,A,C)→X(1,B,A)→X(2,B,C)→X(1,A,C)

言葉で書くと「❶円盤1をAからCに移動、❷円盤2をAからBに移動、❸円盤1をCからBに移動、❹円盤3をAからCに移動、❺円盤1をBからAに移動、❻円盤2をBからCに移動、❼円盤1をAからCに移動」になります。

ハノイの塔（3階建て）

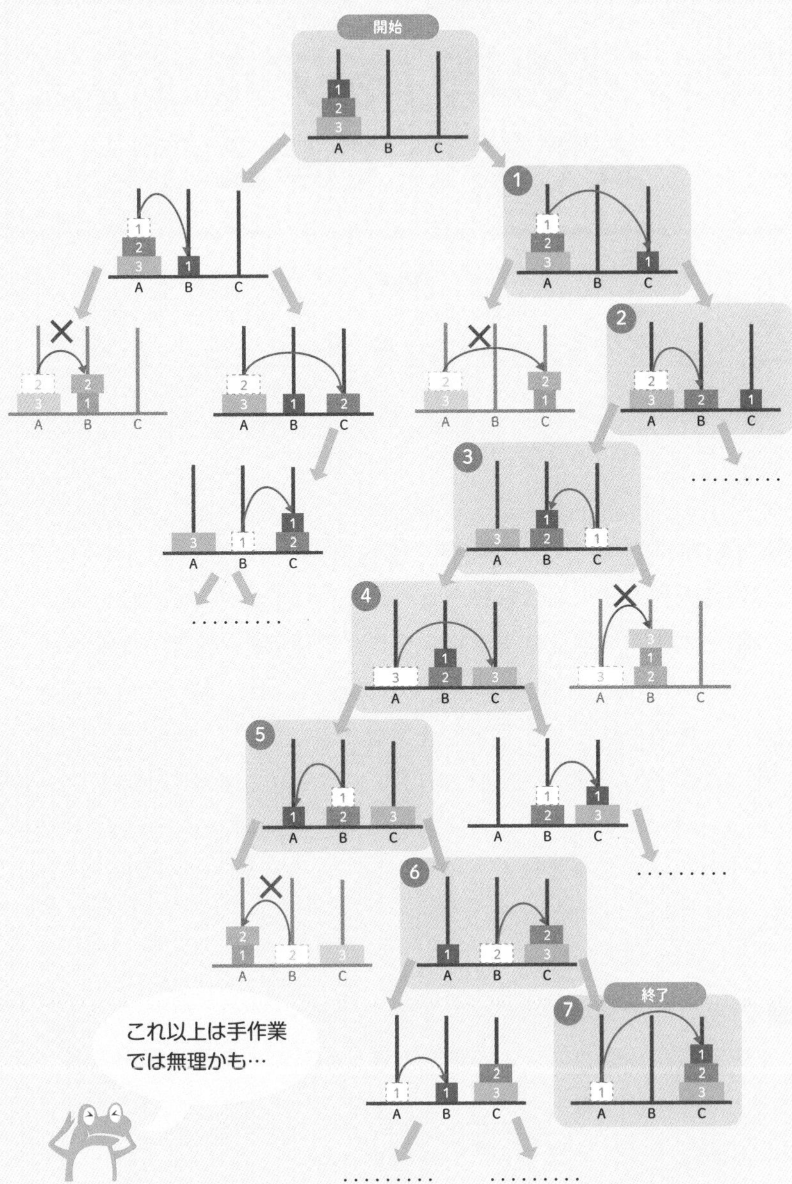

Chapter 05

「ハノイの塔」をアルゴリズムで解いてみよう

N階建ての塔をどうやって解く？

任意の整数N（N≧1）の塔を移動する手順は、問題をN=2の塔に帰着させると解けるようになります。

N枚の円盤を2つの円盤とみなす

N枚の円盤を全てCに移動するためには、一番下の円盤NをAからCへ動かさなくてはなりません。それができるためには、円盤Nの上に乗っているN-1枚の円盤を全てBに退避させておかなければなりません。そうしないと、円盤Nを移動できないからです。

そこで、話を簡単にするために、上から数えてN-1枚目までの円盤をひとかたまりの円盤と考えると、右上の図のように円盤2枚の塔とみなすことができます。こうすると、すでに解いた2階建ての塔と同じ手順（139ページ）が使えるようになります。

2階建ての塔を移動する手順

139ページの図から、2階建ての塔を移動する手順❶❷❸を書き並べると右下の図になります。上下の図を照らし合わせて、N階建ての塔を移動する手順を整理してみましょう。

N階建ての塔を2階建ての塔とみなす

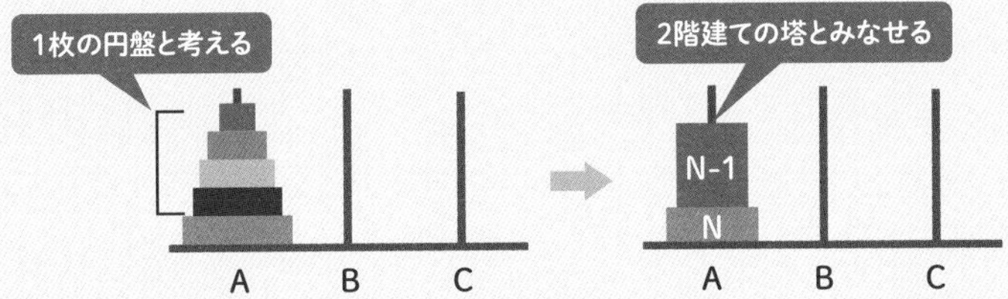

2階建ての塔と
みなすよ

2階建ての塔を移動する手順

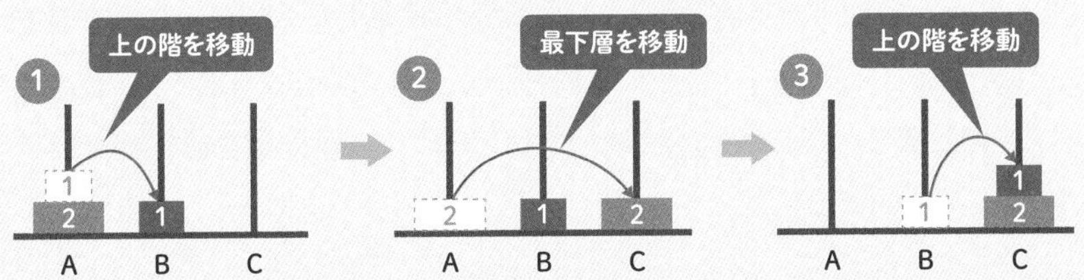

円盤2枚の手順
はこうだったね

N階建ての塔を移動する手順

右上の図はN階建ての塔を移動する手順です。❶まず最初にすべきことは、上から数えてN-1枚目までの円盤を全てBに退避させることです。どういう手順で移動すればよいかは今はまだ考えないことにしますが、前のページで考察したように、一番下の円盤をAからCに移動させるためには上から数えてN-1枚目までの円盤が全てBになくてはならないので、どうにかしてBに移動させたとしましょう。❷すると、一番下の円盤Nが動かせるようになるので、目的の場所Cへ移動させます。

❸あとは、手順❶でBに移動させたN-1枚の円盤を、どうにかしてCに移動させます。どういう手順で移動すればよいかは今はまだ考えないことにしますが、必ず移動できる方法はあるはずです。なぜかというと、手順❶の移動と手順❸の移動は、移動元の棒と移動先の棒が違うだけで、「元の棒から別の棒にN-1枚を全て移動させる」という意味では同じだからです。つまり、手順❶の移動ができるのなら、手順❸の移動もできるはずなのです。

手順の中に再帰処理がある

ところで、右上の図の手順❶は「N-1階建ての塔をAからBに移動する手順」と言い換えることができます。なぜかというと、手順❶の移動が終わるまでの間、一番下の円盤Nは一切動かす必要がないので最初から無いのと同じだからです。**これはまさに塔の高さがN-1だった場合の手順を考えていることと同じです。**このことから、Nの場合の手順の中にN-1の場合の手順が再帰的に含まれていることがわかりました。

N階建ての塔を移動する手順

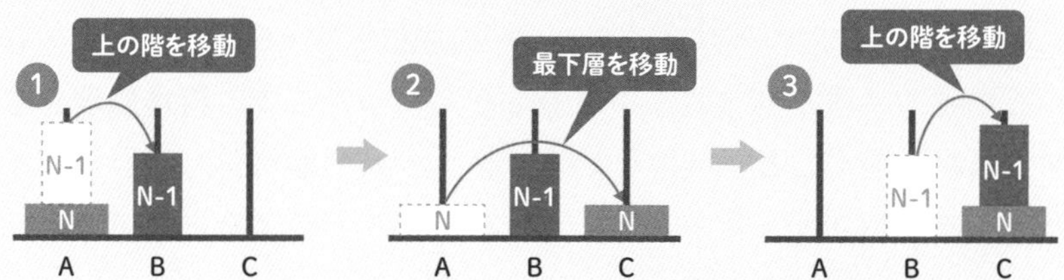

途中の動かし方はわからない
けど、この順に動かさないと
いけないことは確かだね

手順❶はN-1の塔を移動する問題と同じ

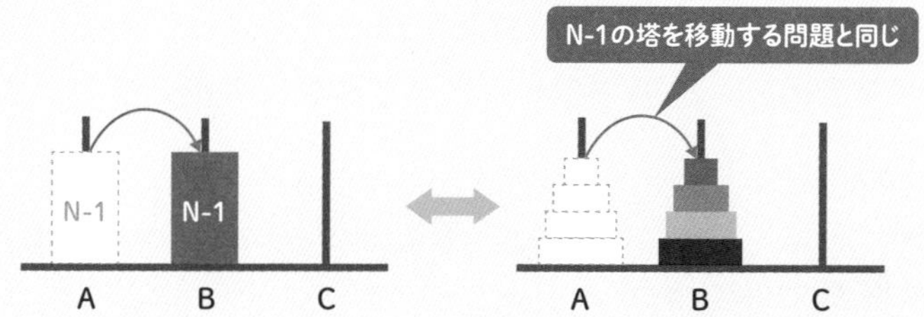

N-1の 塔 をAから Bへ
移動する問題と同じ

流れ図を描く準備

N枚の円盤を別の棒へ移動する手順の中に、N-1枚の円盤を別の棒へ移動する手順が含まれていることがわかったので、**再帰処理を含む流れ図を描くこと**を目指していきましょう。流れ図さえ描ければ、たとえ時間はかかったとしても、流れ図をたどっていくだけで自動的に正しい手順を通ることになるからです。

そのための準備として、再帰処理に相当する部分を関数として表すことを考えましょう。階乗を求める関数（135ページ）のように、再帰処理を含む関数は終了条件に関わる情報を外部から引数として与えられます。135ページの場合は、階乗を計算するために掛け算する整数Nが引数でした。

円盤を別の棒へ移動する関数をハノイの頭文字をとってHと名付け、これをハノイ関数と呼ぶことにすると、関数Hはどんな情報を引数として受け取る必要があるでしょうか？　逆にいうと、円盤を元の棒から別の棒へ移動するためにはどんな情報が必要でしょうか？

ハノイ関数Hの引数

N枚を移動する手順の中にN-1枚を移動する手順が含まれるということは、少なくともハノイ関数Hには「移動させる円盤の枚数」を指示する必要があります。また、円盤を移動させるためには「どの棒からどの棒へ？」も指示する必要があります。

再帰処理を含む流れ図

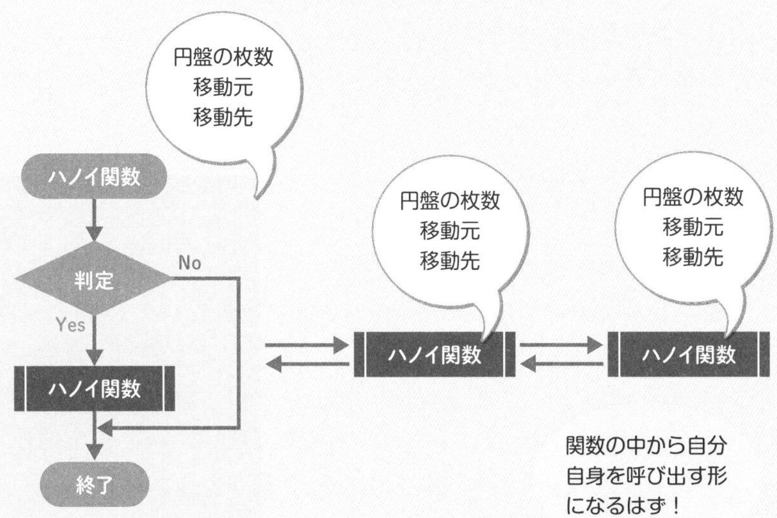

関数の中から自分
自身を呼び出す形
になるはず！

ハノイ関数Hと移動の対応関係

そこで、移動させる円盤の枚数をn、移動元の棒をfrom、移動先の棒をto、残った棒をworkと表すことにすると、n枚の円盤をfromからtoへ移動する関数はH(n,from,to,work)のように4つの引数を持った関数として表すことができます。

1枚の円盤を移動させる場合

一番簡単な1階建ての塔を例として考えてみましょう。1枚の円盤を棒Aから棒Cへ移動させる場合は、移動させる円盤の枚数nが1、移動元の棒fromがA、移動先の棒toがC、残った棒workがBなので、H(1,A,C,B)と表せます(図❶)。同様に、棒Aから棒Bへ移動させる場合はH(1, A, B, C)、棒Bから棒Aへ移動させる場合はH(1,B,A,C)と表せます(図❷❸)。

N-1枚の円盤を移動させる場合

N-1枚の円盤を棒Aから棒Bへ移動させる場合は、移動させる円盤の枚数nがN-1、移動元の棒fromがA、移動先の棒toがB、残った棒workがCなので、H(N-1,A,B,C)と表せます(図❺)。

N枚の円盤を移動させる場合

N枚の円盤を棒Aから棒Cへ移動させる場合は、移動させる円盤の枚数nがN、移動元の棒fromがA、移動先の棒toがC、残った棒workがBなので、H(N,A,C,B)と表せます(図❼)。

ハノイ関数Hの引数と移動の対応関係

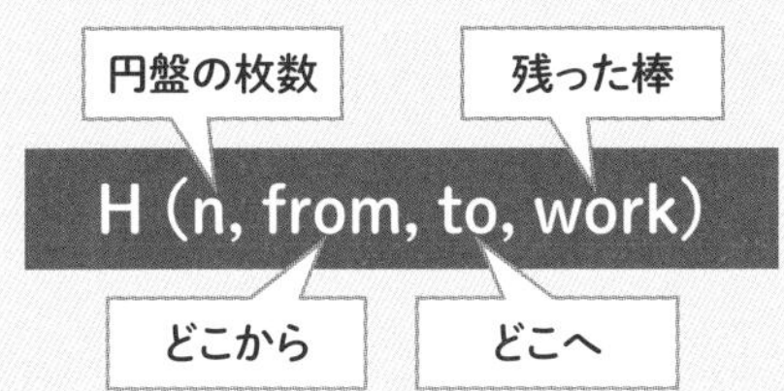

N=1 の場合

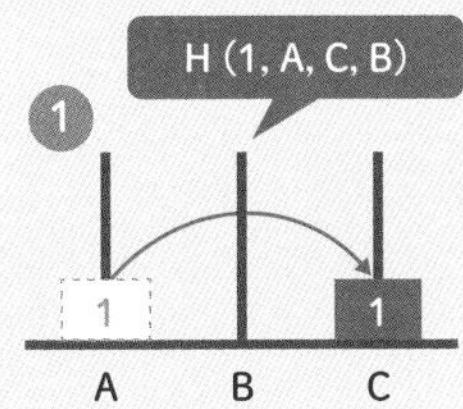

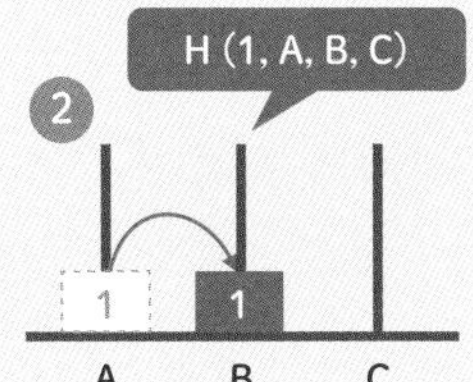

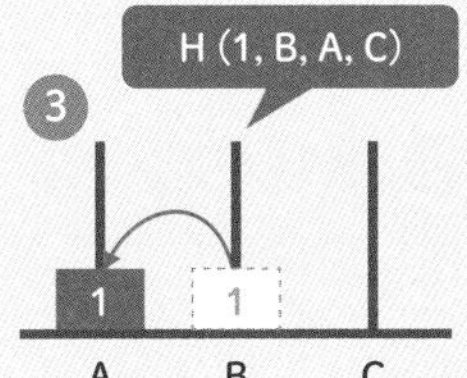

N−1 の場合

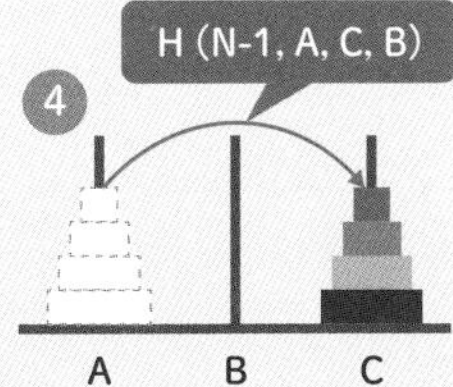

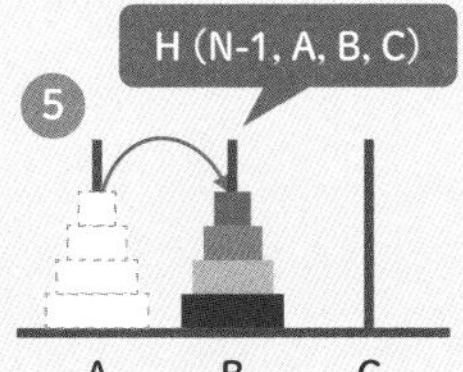

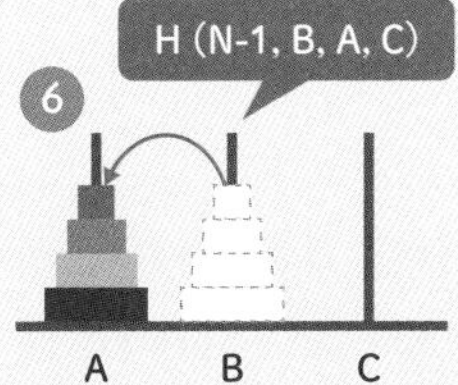

N の場合

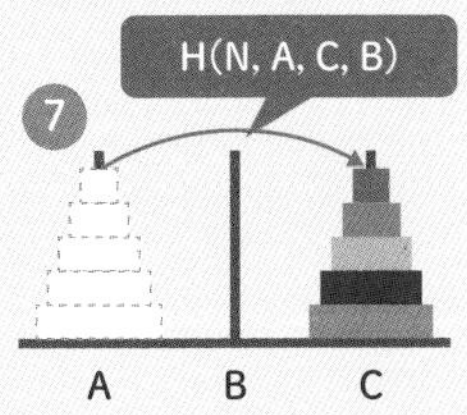

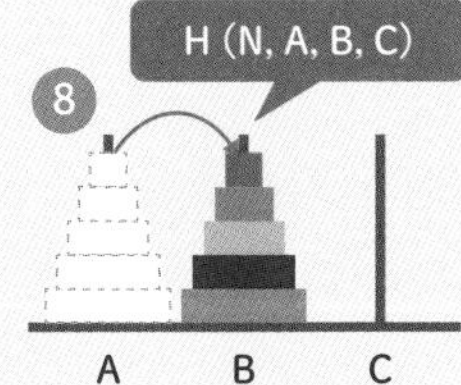

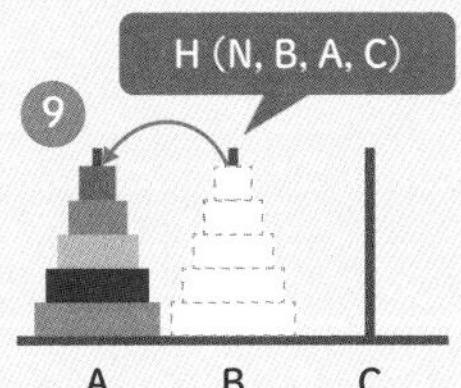

ハノイ関数の流れ図（途中）

144ページで考察したN階建ての塔をAからCへ移動する手順は、ハノイ関数H(n,from,to,work)を使うと3つの操作で表すことができ、流れ図にすると右下の図のようになります。

【STEP1】N-1階建ての塔をAからBへ移動する

この操作はハノイ関数を使うとH(N-1,A,B,C)と表せます。

【STEP2】一番下の円盤をAからCへ移動する

この操作はH(1,A,C,B)と表せますが、円盤1枚を移動するだけなので、わざわざハノイ関数を使わなくても「Aにある円盤をCへ移動」と表せます。

【STEP3】N-1階建ての塔をBからCへ移動する

この操作はハノイ関数を使うとH(N-1,B,C,A)と表せます。

ハノイ関数H(n,from,to,work)を使って円盤の移動を表すとき、2番目の引数（from）は必ずしも棒Aとは限りません。【STEP3】でN-1枚の円盤を移動するときはBが移動元なので、fromの箇所にはAではなくBが入ります。ハノイ関数を使うそれぞれの場面での移動元を2番目の引数fromに、移動先を3番目の引数toに指定することに注意しましょう。

ハノイ関数の流れ図（途中）

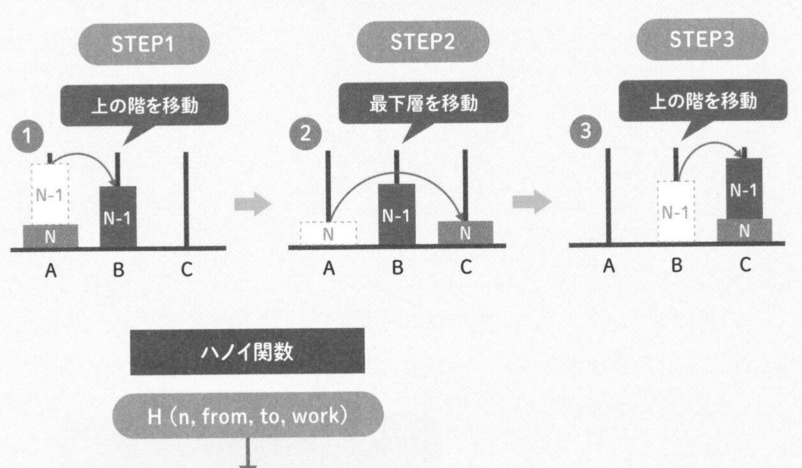

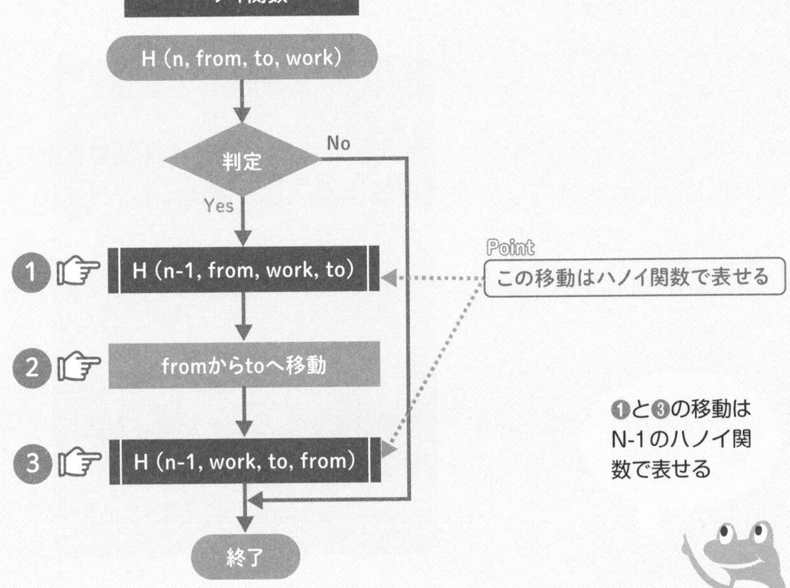

❶と❸の移動はN-1のハノイ関数で表せる

ハノイ関数の終了条件

ハノイ関数は再帰処理を含んでおり、右上の図のように自分自身を呼び出すたびに1番目の引数Nが1ずつ減っていきます。この連鎖はどこまで続くのでしょうか？　言い換えると、ハノイ関数はNがいくつの場合まで実行できるのでしょうか？

N=0のときを考える

Nが減っていくと、いずれはN=0のハノイ関数が呼び出される場面がやってきます。ハノイ関数の引数Nは円盤の枚数ですから、N=0のハノイ関数は「0枚の円盤を移動する」という意味になってしまいます。

0枚の円盤を移動することはできないので、**ハノイ関数はN=0で呼び出されたとき何もしてはいけません**。どうすればよいかというと、流れ図の判定条件を「n ≧ 1」にします。

こうすると、❶と❸の呼び出しはN=0のところで終了して元の場所まで戻ってきます。

> **ハノイ関数の終了条件は「N=0」で呼び出されたときです。引数Nが0以下のときは何もしないで関数を終了させます。**

ハノイ関数の再帰呼び出し

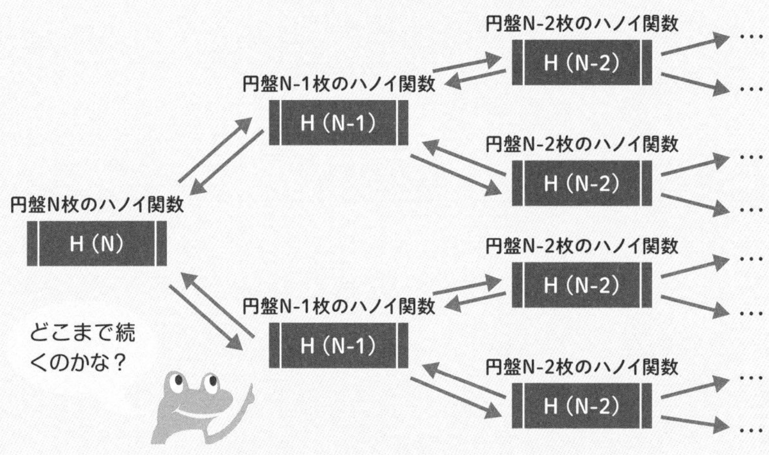

判定条件を反映したハノイ関数

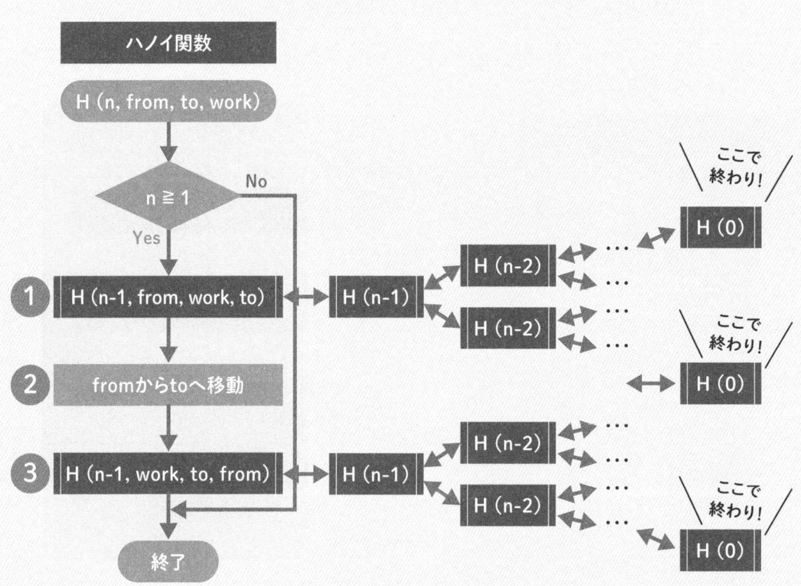

ハノイ関数の流れ図（完成）

完成したハノイ関数を使ってN枚の円盤を棒Aから棒Cへ移動させる流れ図は下の図のようになります。

移動手順を表示するプログラム

疑似言語のプログラムは右上の図のようになります。実際のプログラムで流れ図の❷の部分を実装すると、円盤の移動手順を表示させることができます。JavaScriptで実装したプログラムは右下の図のようになります。

ハノイ関数の流れ図（完成）

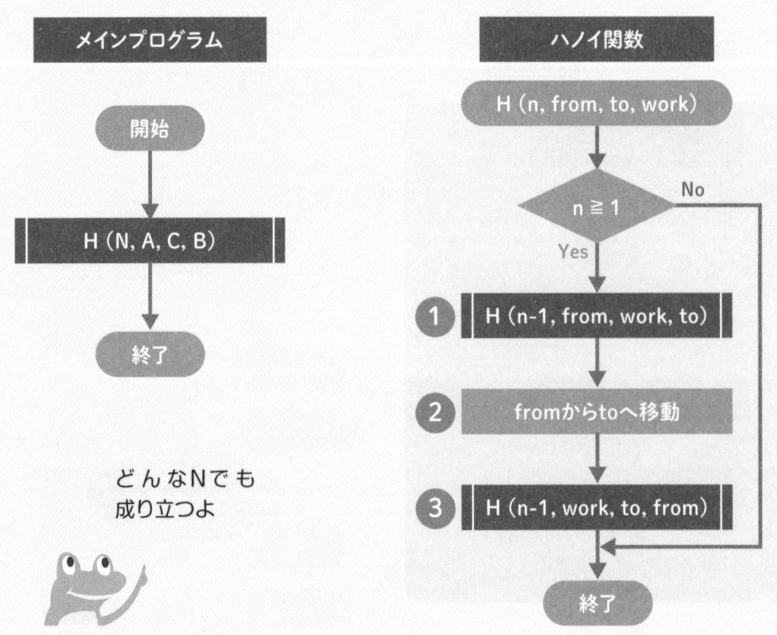

ハノイ関数のプログラム（完成）

メインプログラム

○関数：H（n, from, to, work）
○整数型：n

```
N → n
H(n, "A", "C", "B")
```

ハノイ関数

○プログラム名：H(n, from, to, work)
○関数：表示(X)

```
n≧1
  Yes
  H(n-1, from, work, to)
  表示(fromからtoへ移動)
  H(n-1, work, to, from)
```

Nの値を変えると何階
建ての塔でも解ける

ハノイ関数のプログラム（JavaScript）

メインプログラム

```
let n = 3;
H(n,"A","C","B");
```

ハノイ関数

```
function H(n, from, to, work) {
  if (n>=1) {
    H(n-1, from, work, to);
    console.log(from + "から" + to + "へ移動");
    H(n-1, work, to, from);
  }
```

プログラムをダウンロード
して動かしてみよう

ハノイ関数の流れを検証しよう

N=1の場合

N=1の場合にプログラムを実行すると何が表示されるか追跡してみましょう。まず、メインプログラムがN=1のハノイ関数H(1,A,C,B)を呼び出します（図❶）。図のグレーの部分（N=0のハノイ関数）は何もしないので、プログラムは図❷を実行したら呼び出し元に戻ってきます（図❸）。

すると、表示される内容は「AからCへ移動」になり、これは138ページの手順と一致します。

N=2の場合

N=2の場合、プログラムは❶〜❾の順に実行されます。❺の移動は、❷で呼び出したハノイ関数が終了してから行われることに注意しましょう。図のグレーの部分は何もしないので、❸→❺→❼の順に移動手順が表示されることになります。

すると、表示される内容は「AからBへ移動、AからCへ移動、BからCへ移動」になり、これは138ページの手順と一致します。

N=3以上の場合

N=2までは正しいことが確認できましたが、N=3以上の場合も正しいでしょうか？　そろそろ手作業で確認するのが大変になってきましたので、実際のプログラムで確認してみましょう。

N=1の手順を検証する

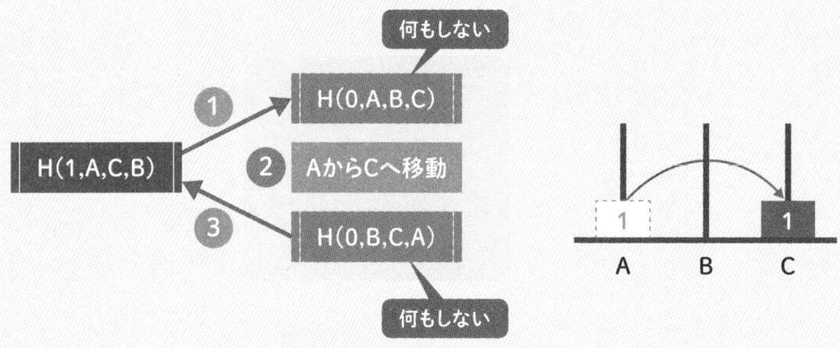

N=2の手順を検証する

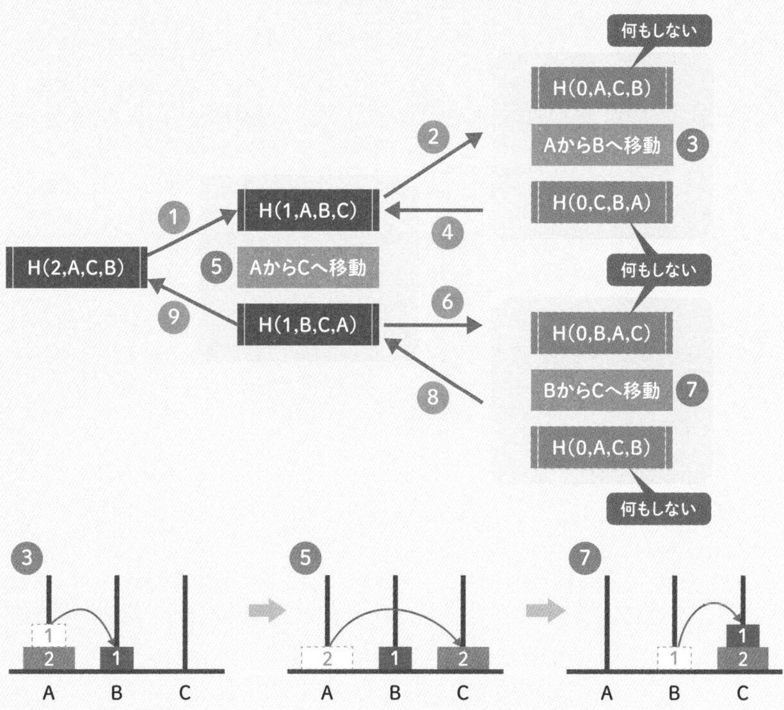

JavaScriptでハノイの塔を実行すると？

右の図は、155ページのプログラムをいくつかのNについて実行した結果です。円盤の枚数が増えると移動の回数が飛躍的に増加することが読み取れます。

次の表は、Nを増やした場合の移動回数をまとめたものです。60階建ての塔になると移動回数は約1京（1兆の100万倍）になります。

ハノイの塔の移動回数

円盤の枚数	移動回数
1	1
2	3
3	7
4	15
5	31
6	63
7	127
8	255
9	511
10	1,023

円盤の枚数	移動回数	およその回数
15	32,770	（約3万回）
20	1,048,575	（約100万回）
25	33,554,431	（約3300万回）
30	1,073,741,823	（約11億回）
35	34,359,738,367	（約340億回）
40	1,099,511,627,775	（約1兆回）
45	35,184,372,088,831	（約35兆回）
50	1,125,899,906,842,623	（約1100兆回）
60	1,152,921,504,606,846,975	（約1京回）
100	1,267,650,600,228,229,401,496,703,205,375	（約1穣回）

JavaScriptでハノイの塔を解く

円盤の枚数N=1	
1	AからCへ移動

円盤の枚数N=2	
1	AからBへ移動
2	AからCへ移動
3	BからCへ移動

円盤の枚数N=3	
1	AからCへ移動
2	AからBへ移動
3	CからBへ移動
4	AからCへ移動
5	BからAへ移動
6	BからCへ移動
7	AからCへ移動

円盤の枚数N=4	
1	AからBへ移動
2	AからCへ移動
3	BからCへ移動
4	AからBへ移動
5	CからAへ移動
6	CからBへ移動
7	AからBへ移動
8	AからCへ移動
9	BからCへ移動
10	BからAへ移動
11	CからAへ移動
12	BからCへ移動
13	AからBへ移動
14	AからCへ移動
15	BからCへ移動

円盤の枚数N=5	
1	AからCへ移動
2	AからBへ移動
3	CからBへ移動
4	AからCへ移動
5	BからAへ移動
6	BからCへ移動
7	AからCへ移動
8	AからBへ移動
9	CからBへ移動
10	CからAへ移動
11	BからAへ移動
12	CからBへ移動
13	AからCへ移動
14	AからBへ移動
15	CからBへ移動
16	AからCへ移動
17	BからAへ移動
18	BからCへ移動
19	AからCへ移動
20	BからAへ移動
21	CからBへ移動
22	CからAへ移動
23	BからAへ移動
24	BからCへ移動
25	AからCへ移動
26	AからBへ移動
27	CからBへ移動
28	AからCへ移動
29	BからAへ移動
30	BからCへ移動
31	AからCへ移動

円盤の枚数N=6			
1	AからBへ移動	33	BからCへ移動
2	AからCへ移動	34	BからAへ移動
3	BからCへ移動	35	CからAへ移動
4	AからBへ移動	36	BからCへ移動
5	CからAへ移動	37	AからBへ移動
6	CからBへ移動	38	AからCへ移動
7	AからBへ移動	39	BからCへ移動
8	AからCへ移動	40	BからAへ移動
9	BからCへ移動	41	CからAへ移動
10	BからAへ移動	42	CからBへ移動
11	CからAへ移動	43	AからBへ移動
12	BからCへ移動	44	CからAへ移動
13	AからBへ移動	45	BからCへ移動
14	AからCへ移動	46	BからAへ移動
15	BからCへ移動	47	CからAへ移動
16	AからBへ移動	48	BからCへ移動
17	CからAへ移動	49	AからBへ移動
18	CからBへ移動	50	AからCへ移動
19	AからBへ移動	51	BからCへ移動
20	CからAへ移動	52	AからBへ移動
21	BからCへ移動	53	CからAへ移動
22	BからAへ移動	54	CからBへ移動
23	CからAへ移動	55	AからBへ移動
24	CからBへ移動	56	AからCへ移動
25	AからBへ移動	57	BからCへ移動
26	AからCへ移動	58	BからAへ移動
27	BからCへ移動	59	CからAへ移動
28	AからBへ移動	60	BからCへ移動
29	CからAへ移動	61	AからBへ移動
30	CからBへ移動	62	AからCへ移動
31	AからBへ移動	63	BからCへ移動
32	AからCへ移動		

N=6までの
実行結果だよ

再帰処理を使うときの注意点

再帰処理の中に終了条件が抜けていたり条件が間違っていたりすると、永遠に再帰呼び出しが続く「無限ループ」に陥る場合があります。プログラムが無限ループに陥ると、コンピューターが他のアプリケーションの制御に順番を回すことができなくなってフリーズしてしまいます。

また、コンピューターは再帰処理を行うと大きな負荷がかかります。終了条件が満たされるまでN回の再帰呼び出しが行われる場合、コンピューターのメモリにはN回分の再帰処理それぞれの進行状態が保持され、全ての再帰呼び出しが終わるまでメモリが開放されないからです。

そのため、再帰処理を使わずに解くことが難しい場合のみ再帰処理を使うようにしましょう。

Chapter 06 ソートアルゴリズム

Chapter 06

「ソート」とは？

データの並び替え

ソート（sort）とは、大小関係が定められたたくさんのデータを、一定の規則に従って小さい順（昇順）あるいは大きい順（降順）に並べ替える作業のことです。ソートはプログラムの中で使われることが多く、さまざまなアルゴリズムが考案されてきました。

試験の点数を高い順に並び替えて受験者の上位100人を合格にしたり、ネットショップで商品を価格順や評価順に並び替えて検索するなど、手作業では時間のかかる並べ替えを速く正確に行う必要のあるプログラムでソートが役立っています。

代表的な7つのソート

本章では、代表的な7つのソートアルゴリズム「**バブルソート**（基本交換法）」「**選択ソート**（基本選択法）」「**挿入ソート**（基本挿入法）」「**シェルソート**」「**マージソート**（併合整列法）」「**ヒープソート**」「**クイックソート**」について図解を交えて解説します。

日常生活にみられるソート

背の順に並ぶ

出席番号	名前
21001	アフリカツメガエル
21002	ニホンヒキガエル
21003	ニホンアマガエル
21004	ヒメアマガエル
21005	ヌマガエル
21006	ツシマアカガエル
21007	トノサマガエル
21008	モリアオガエル

名簿の並べ替え

競技の順位・点数

ブログの人気ランキング

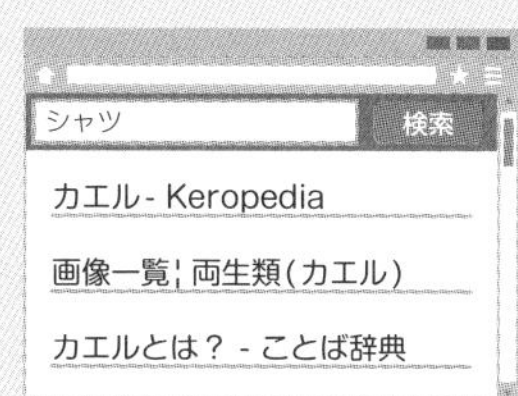

検索結果の表示順

通販サイトの商品検索

いろんな場面でソート
が使われている

Chapter 06

バブルソート（基本交換法）

隣同士を比較する

バブルソートの基本は「隣と比べる」です。小さい順に並べ替える場合は、隣と比べて大きいほうが後ろにくるように交換する、という操作を繰り返して一番大きいものを一番後ろへ持っていきます。

【STEP1】最小値を先頭に移動する

後ろから2つを比較して、「左＞右」だったら左右を交換します。次に、比較する位置を1つ前にずらして「左＞右」だったら左右を交換します。この操作を先頭まで繰り返すと、最小値が先頭にくるので1番目が確定します。

【STEP2】並べ替える範囲をずらす

2番目から最後までを新たな範囲とみなして、STEP1と同じ操作を行うと、2番目が確定します。

【STEP3】繰り返す

未整列の要素がなくなるまで繰り返すと、小さい順に並び替わります。

バブルソートの考え方

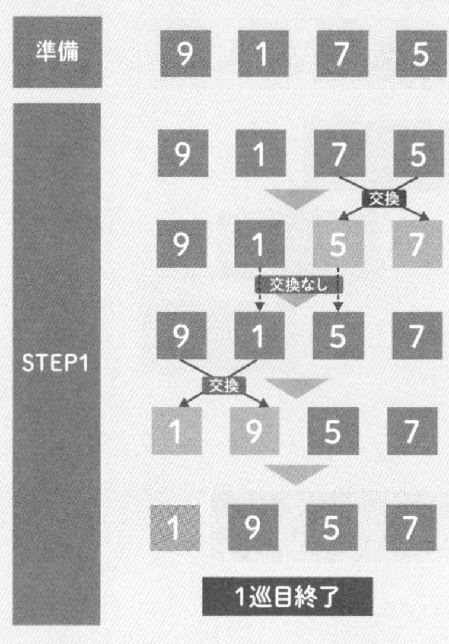
未整列
整列済
比較
準備
9 1 7 5
STEP1
9 1 7 5
交換
9 1 5 7
交換なし
9 1 5 7
交換
1 9 5 7
1 9 5 7
1巡目終了

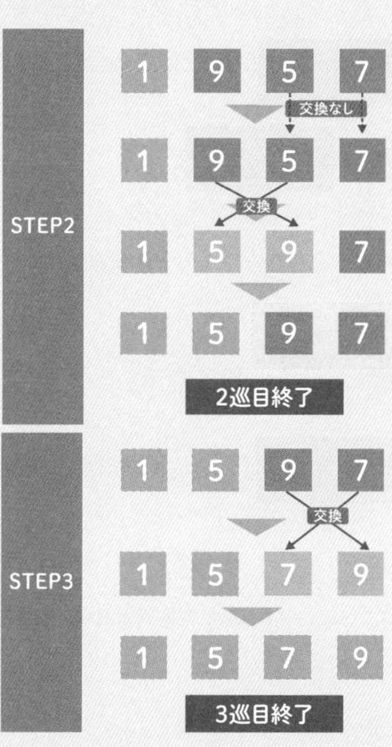
STEP2
1 9 5 7
交換なし
1 9 5 7
交換
1 5 9 7
1 5 9 7
2巡目終了
STEP3
1 5 9 7
交換
1 5 7 9
1 5 7 9
3巡目終了

小さい要素が次々と先頭に
移動する様子を泡に見立て
てバブルソートと呼ぶよ

バブルソートの流れ図

バブルソートの流れ図は、未整列の範囲を1つずつ後ろへずらしていくための繰り返しと、その範囲の中で一番小さい要素を先頭に移動するための繰り返しを組み合わせた**二重ループ**の構造になります。

外側のループ

外側のループカウンタ（94ページ）をiとすると、iは0（最初の要素）からN－2（最後の要素の1つ手前）に向かって**後ろへ**進みます。

内側のループ

内側のループカウンタをjとすると、jはN－1（最後の要素）からi＋1（外側のループの先頭から1つ後ろ）に向かって**前へ**進みます。

内側のループでは、ループカウンタが指している場所にある要素（j番目）と1つ手前（j－1番目）を比較して、並べたい順番と大小が逆だったら両者を交換します。要素の交換は108ページの方法を使います。

バブルソートの流れ図

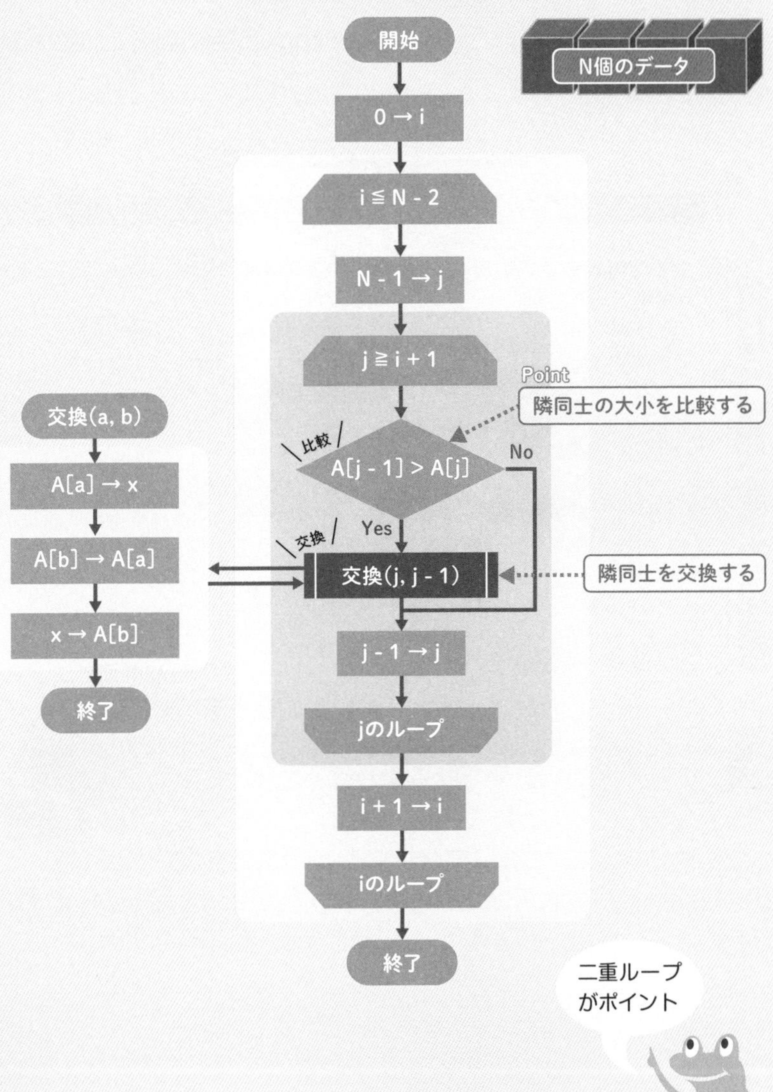
開始
N個のデータ
0 → i
i ≦ N - 2
N - 1 → j
j ≧ i + 1
Point
隣同士の大小を比較する
比較
A[j - 1] > A[j]
No
Yes
交換
交換(j, j - 1)
隣同士を交換する
j - 1 → j
jのループ
i + 1 → i
iのループ
終了
交換(a, b)
A[a] → x
A[b] → A[a]
x → A[b]
終了
二重ループ
がポイント

バブルソートのプログラム

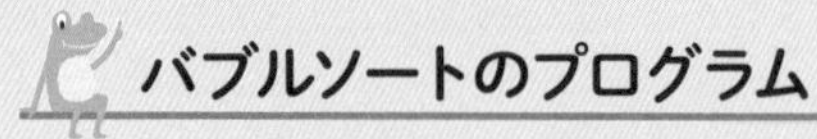

バブルソートのプログラムをJavaScriptと疑似言語で記述すると次のようになります。

バブルソートのプログラム

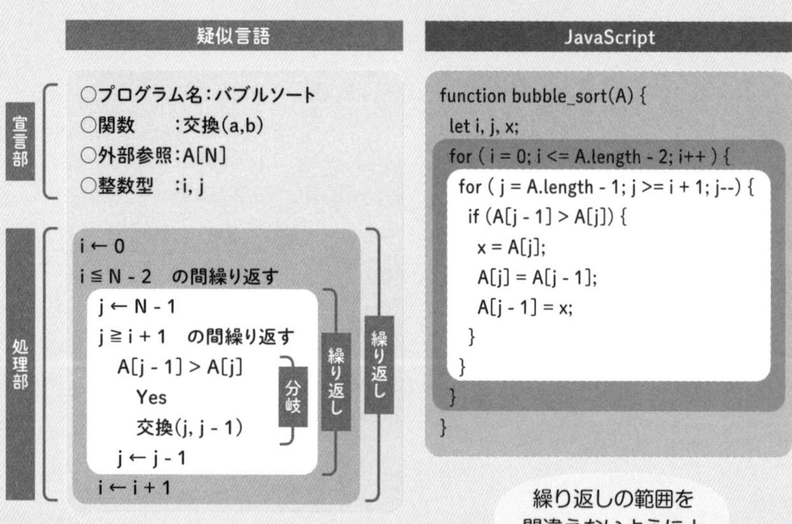

疑似言語
宣言部
○プログラム名：バブルソート
○関数　：交換(a,b)
○外部参照：A[N]
○整数型　：i, j
処理部
i ← 0
i ≦ N - 2　の間繰り返す
j ← N - 1
j ≧ i + 1　の間繰り返す
A[j - 1] > A[j]
Yes
交換(j, j - 1)
j ← j - 1
i ← i + 1
分岐
繰り返し
繰り返し
JavaScript
function bubble_sort(A) {
let i, j, x;
for (i = 0; i <= A.length - 2; i++) {
for (j = A.length - 1; j >= i + 1; j--) {
if (A[j - 1] > A[j]) {
x = A[j];
A[j] = A[j - 1];
A[j - 1] = x;
}
}
}
}

繰り返しの範囲を
間違えないように！

降順（大きい順）に並べ替えるバブルソート

降順（大きい順）に並べ替えたいときは、要素を交換する判定条件を逆にします。

降順のバブルソート

疑似言語

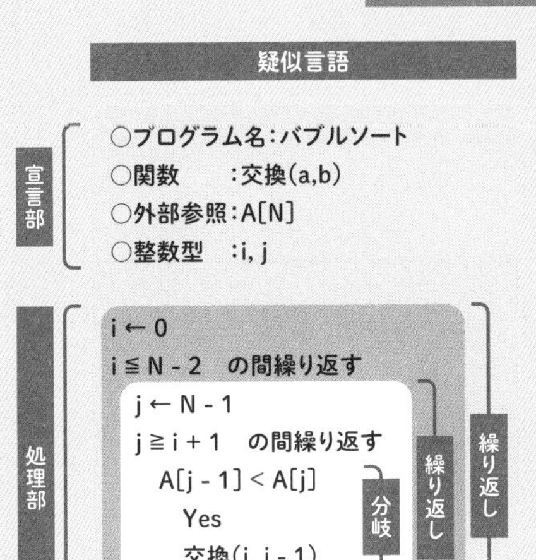

JavaScript

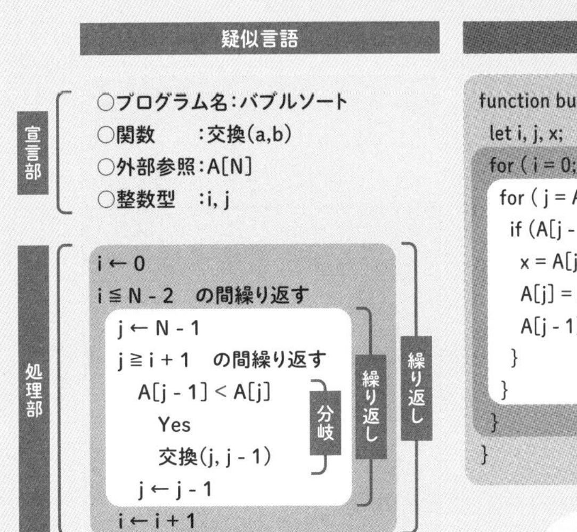

```
function bubble_sort(A) {
  let i, j, x;
  for ( i = 0; i <= A.length - 2; i++ ) {
    for ( j = A.length - 1; j >= i + 1; j--) {
      if (A[j - 1] < A[j]) {
        x = A[j];
        A[j] = A[j - 1];
        A[j - 1] = x;
      }
    }
  }
}
```

分岐の判定条件を
逆にするよ

Chapter 06

選択ソート（基本選択法）

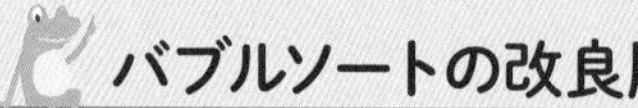

バブルソートの改良版

選択ソートは、バブルソートと同じように比較の範囲を狭めながら並び替えていきます。バブルソートとの違いは、比較するたびに要素を交換するのではなく、未整列の範囲から最小値の場所を探しておいて、1巡につき1回だけ交換する点です。

【STEP1】最小値を先頭に移動する

未整列の範囲で最小値が入っている場所を探し、先頭と交換します。すると、最小値が先頭にくるので1番目が確定します。

【STEP2】並べ替える範囲をずらす

2番目から最後までを新たな範囲とみなして、STEP1と同じ操作を行うと、2番目が確定します。

【STEP3】繰り返す

未整列の要素がなくなるまで繰り返すと、小さい順に並び替わります。

選択ソートの考え方

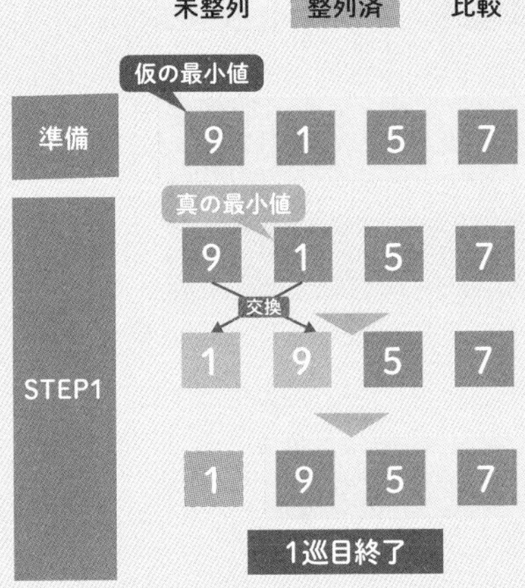

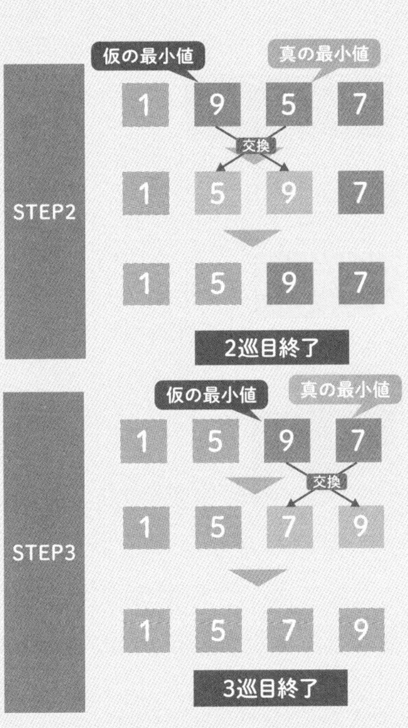

最小値を探すアルゴリズム
（116ページ）が応用できるよ

選択ソートの流れ図

選択ソートの流れ図は、未整列の範囲を1つずつ後ろへずらしていくための繰り返しと、その範囲の中で一番小さい要素の場所を探し出すための繰り返しを組み合わせた**二重ループ**の構造になります。

外側のループ

外側のループカウンタ（94ページ）をiとすると、iは0（最初の要素）からN－2（最後の要素の1つ手前）に向かって**後ろへ**進みます。

内側のループ

内側のループカウンタをjとすると、jはi（未整列の範囲の先頭）からN－1（最後の要素）に向かって**後ろへ**進みます。

内側のループでは、仮の最小値の場所を指す変数をminとして、各要素（j番目）が仮の最小値（i番目）よりも小さければminにjを上書きして仮の最小値の場所を覚え直します。

ループが終わったら、先頭（i番目）と仮の最小値（min番目）を交換します。交換は108ページの方法を使います。

選択ソートの流れ図

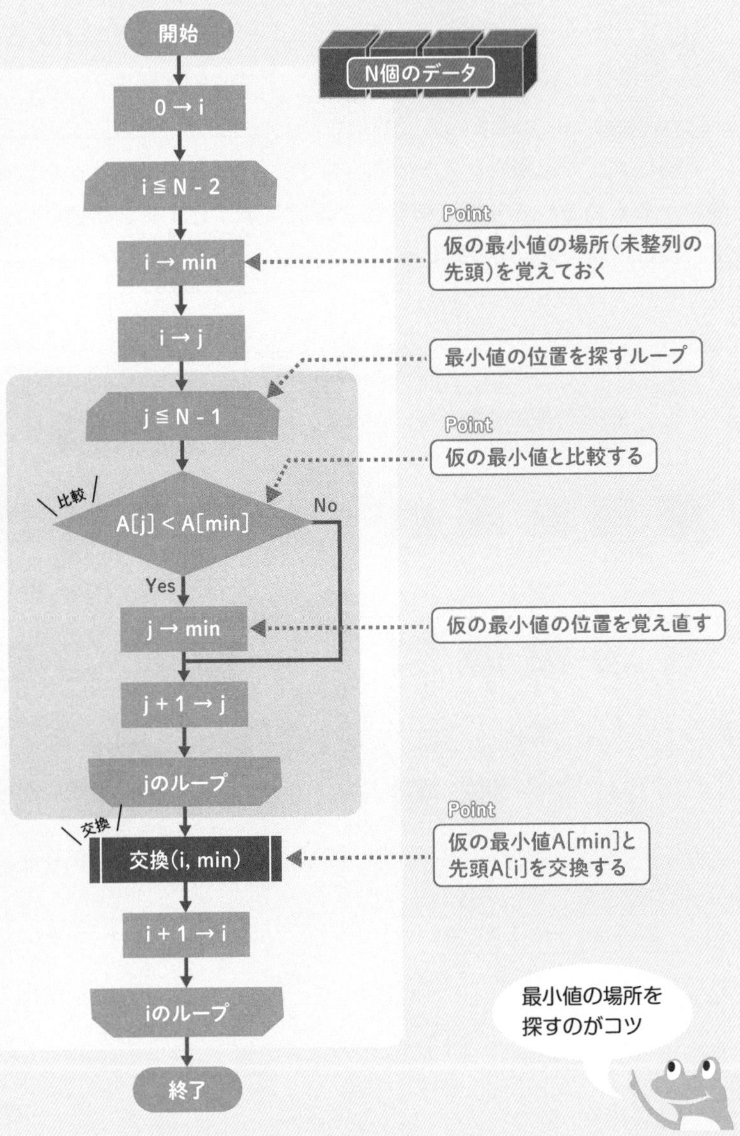

開始
N個のデータ
0 → i
i ≦ N - 2
Point
仮の最小値の場所(未整列の先頭)を覚えておく
i → min
i → j
最小値の位置を探すループ
j ≦ N - 1
Point
仮の最小値と比較する
比較
A[j] < A[min]
No
Yes
j → min
仮の最小値の位置を覚え直す
j + 1 → j
jのループ
交換
Point
交換(i, min)
仮の最小値A[min]と先頭A[i]を交換する
i + 1 → i
iのループ
終了
最小値の場所を探すのがコツ

選択ソートのプログラム

選択ソートのプログラムをJavaScriptと疑似言語で記述すると右ページのようになります。

言語によって配列やリストの添字を0から数える場合と1から数える場合があるので、繰り返しの範囲を暗記しようとすると間違いの元です。絵をイメージして確認しましょう。

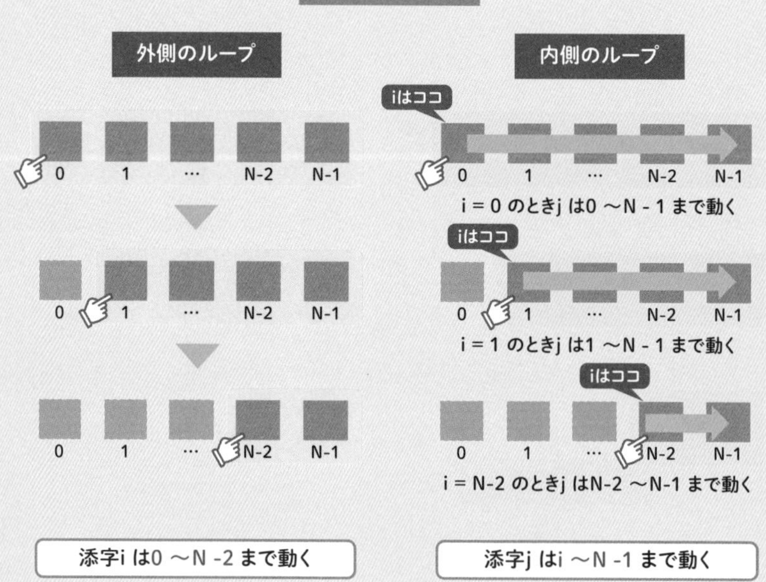

選択ソートのプログラム

疑似言語

宣言部

○プログラム名：選択ソート
○関数　　　：交換(a,b)
○外部参照：A[N]
○整数型　：i, j, min

処理部

```
i ← 0
i ≦ N - 2　の間繰り返す
  min ← i
  j ← i
  j ≦ N -1　の間繰り返す
    A[j] < A[min]
      Yes
      min ← j
    j ← j + 1
  交換(i, min)
  i ← i + 1
```

分岐　繰り返し　繰り返し

JavaScript

```
function selection_sort(A) {
  let i, j, x, min;
  for ( i = 0; i <= A.length - 2; i++ ) {
    min = i;
    for ( j = i; j <= A.length - 1; j++) {
      if (A[j] < A[min]) {
        min = j;
      }
    }
    x = A[i];
    A[i] = A[min];
    A[min] = x;
  }
}
```

繰り返しの範囲を
間違えないように！

降順（大きい順）に並べ替える選択ソート

降順（大きい順）に並べ替えたいときは、仮の最大値の場所を探し、比較する要素が仮の最大値よりも大きければ交換するようにします。

降順の選択ソート

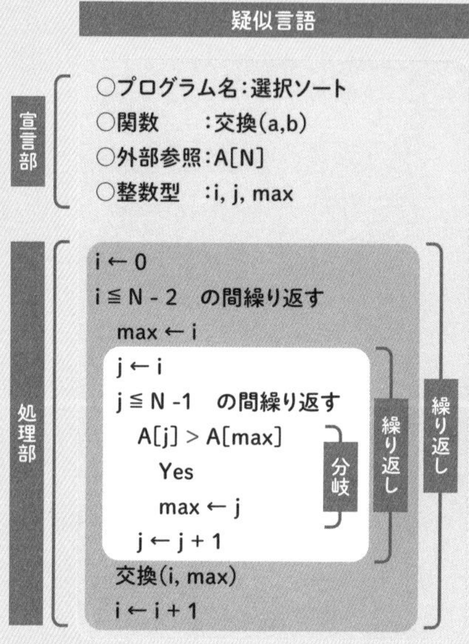

疑似言語

```
○プログラム名：選択ソート
○関数　　　：交換(a,b)
○外部参照：A[N]
○整数型　：i, j, max

i ← 0
i ≦ N - 2　の間繰り返す
  max ← i
  j ← i
  j ≦ N -1　の間繰り返す
    A[j] > A[max]
      Yes
      max ← j
    j ← j + 1
  交換(i, max)
  i ← i + 1
```


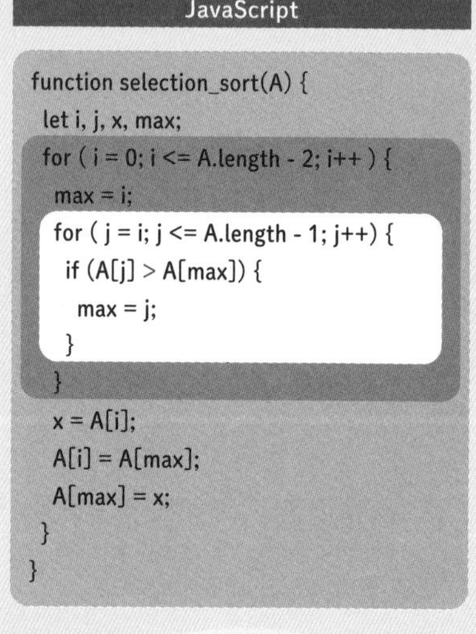

JavaScript

```javascript
function selection_sort(A) {
  let i, j, x, max;
  for ( i = 0; i <= A.length - 2; i++ ) {
    max = i;
    for ( j = i; j <= A.length - 1; j++) {
      if (A[j] > A[max]) {
        max = j;
      }
    }
    x = A[i];
    A[i] = A[max];
    A[max] = x;
  }
}
```

分岐の判定条件を逆にするよ

バブルソートと選択ソートどちらが速い？

アルゴリズムの速度を比較するときは、プログラムの実行にかかる時間を測るのではなく、データの量に対して要素の比較や交換が何回ぐらい必要かを比較します。

データが4個の場合（165ページ、171ページ）の図から、バブルソートの場合、比較回数は6回、交換回数は最大で6回です。選択ソートの場合、比較回数は6回、交換回数は最大で3回です。

数学を使って計算すると、データがn個の場合の回数は次の表のようになります。

バブルソートと選択ソートの比較

	バブルソート	選択ソート
比較回数	n(n-1)/2	n(n-1)/2
最大交換回数	n(n-1)/2	n-1

Nが十分大きい場合 ▶

バブルソート	選択ソート
約n^2	約n^2
約n^2	約n

最小値（もしくは最大値）を探してから要素を交換する選択ソートのほうが、交換回数が少なくて済む分だけ速いアルゴリズムといえるでしょう。

Chapter 06

04 挿入ソート（基本挿入法）

整列済みの配列に挿入する

挿入ソートは、未整列の配列から要素を1つずつ取り出して、整列済みの配列の適切な位置に差し込んでいくソート方法です。

【STEP1】最初の2つを並べ替える

1番目＞2番目だったら交換します。これで最初の2つが整列済みになります。

【STEP2】3番目を挿入する場所を探す

3番目を取り出して2番目と比較します。2番目＞3番目だったら交換して、2番目と1番目と比較します。このように比較する範囲を前にずらしながら、大小が逆になっていれば交換していきます。交換がいらなくなったら（大小が正しいか先頭にきたら）次は4番目を取り出して同じことを行います。

【STEP3】繰り返す

未整列の要素がなくなるまで繰り返すと、全体が小さい順に整列します。

挿入ソートの考え方

未整列　整列済　比較

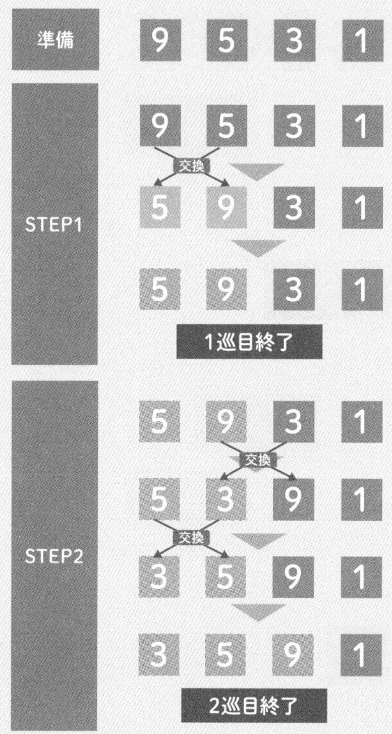

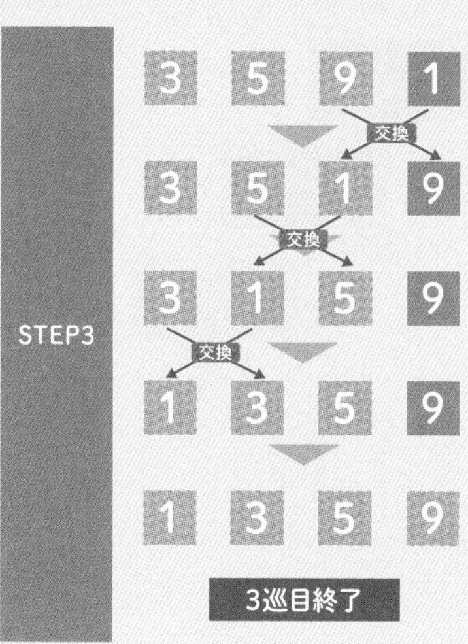

整列済みの要素と比較
して挿入位置を探すよ

挿入ソートの流れ図

挿入ソートの流れ図は、未整列の範囲を1つずつ後ろへずらしていくための繰り返しと、未整列の要素を挿入する適切な位置を探すための繰り返しを組み合わせた**二重ループ**の構造になります。

外側のループ

外側のループカウンタをiとすると、iは1（2番目の要素）からN－1（最後の要素）に向かって**後ろへ**進みます。

1番目の要素は2番目の要素を適切な位置に挿入するとき自動的に整列済みになるので、iの初期値は1（未整列の範囲の先頭は2番目の要素）と考えます。

内側のループ

内側のループカウンタをjとすると、jはi（未整列の範囲の先頭）から1（整列済みの範囲の2番目）に向かって**前へ**進みます。ただし、挿入する場所が見つかったら（大小が正しければ）、それ以上繰り返す必要がないので、その時点で繰り返しを終了します。

そのために、繰り返す条件を「jが1以上」なおかつ「j-1番目がj番目より大きい」にします。

挿入ソートの流れ図

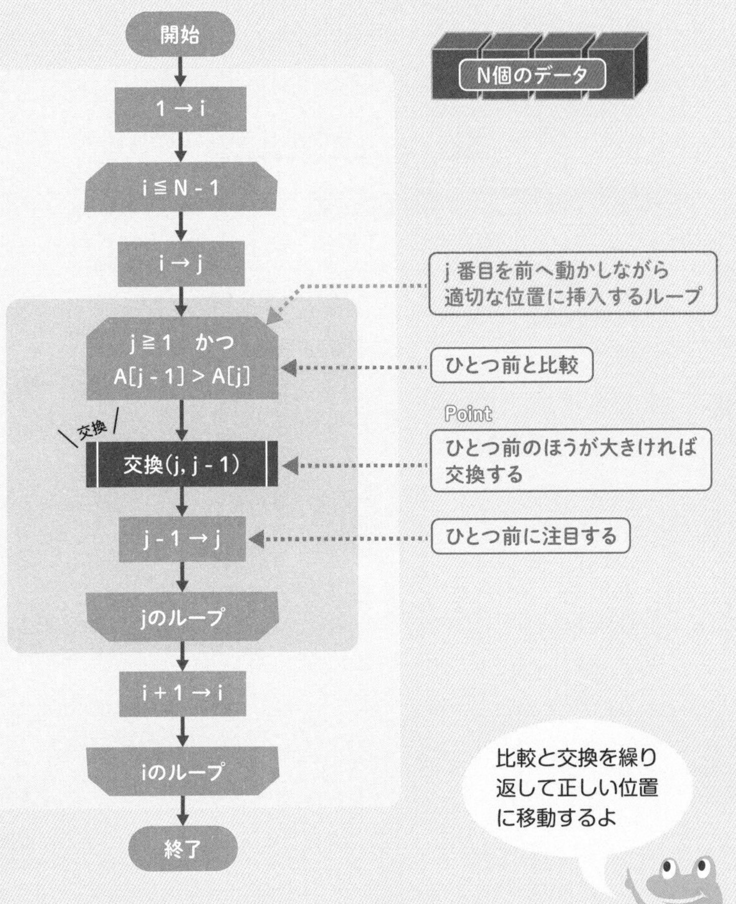

比較と交換を繰り
返して正しい位置
に移動するよ

挿入ソートのプログラム

挿入ソートのプログラムをJavaScriptと疑似言語で記述すると次のようになります。

挿入ソートのプログラム

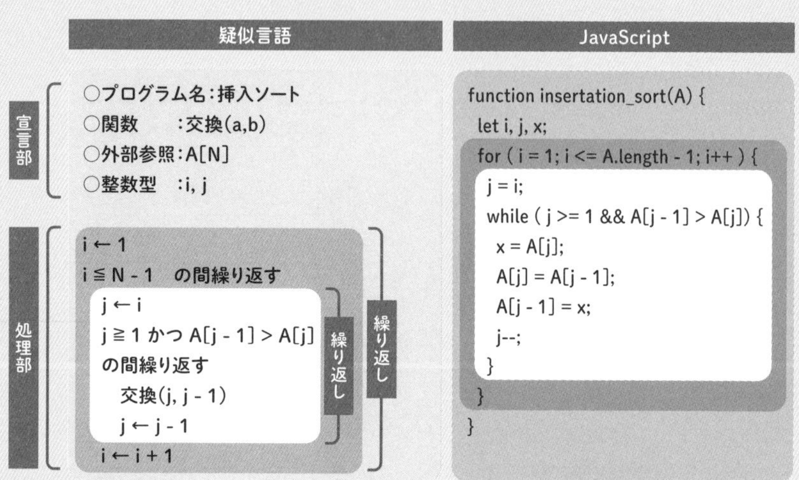

降順（大きい順）に並べ替えたいときは、169ページ・176ページと同様に、繰り返しの判定条件を逆（A[j − 1] < A[j]）にします。

挿入ソートの効率はデータの並び方に依存する

挿入ソートは最初からデータが整列済みの状態に近いほど高速に動作します。理由は、整列済みの範囲を並べ替える必要がないため、比較回数も交換回数も少なくて済むからです。

ほとんど整列済みの場合の挿入ソート

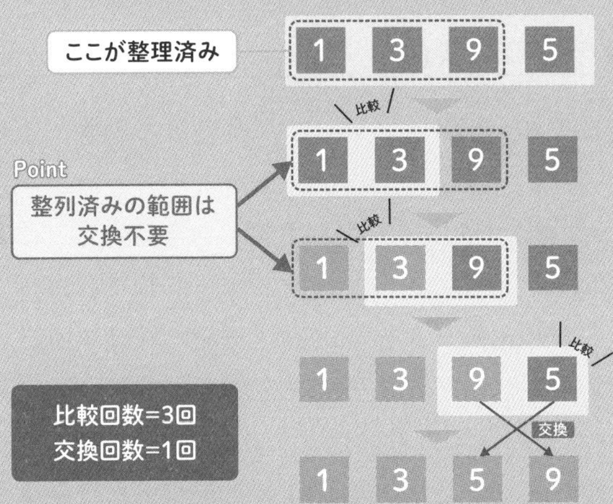

しかし、179ページの場合はデータが逆順に並んでいるので、比較回数も交換回数も最大の6回となり、効率が落ちます。

Chapter 06

シェルソート

挿入ソートの改良版

挿入ソートには、未整列のデータが多いほど効率が落ちるという問題点があります。原因は、データを挿入すべき位置が見つかるまで後ろのデータを1つ1つずらさなくてはならないことにあります。

しかし、あらかじめ全体を大雑把にソートしておけば、最終的に前のほうにくるべきデータを早い段階で前に移動することができるので、挿入ソートを行うときデータをずらす回数が少なくなり、普通に挿入ソートを行うよりも高速になります。

この考え方を取り入れたアルゴリズムがシェルソートで、具体的な手順は以下の通りです。

STEP1. 適当な間隔hをあけて取り出したデータ列に挿入ソートを適用する。
STEP2. 間隔hを狭めて、STEP1と同じ操作を繰り返す。
STEP3. 間隔h = 1になったら、全体に挿入ソートを適用する。

シェルソートの考え方

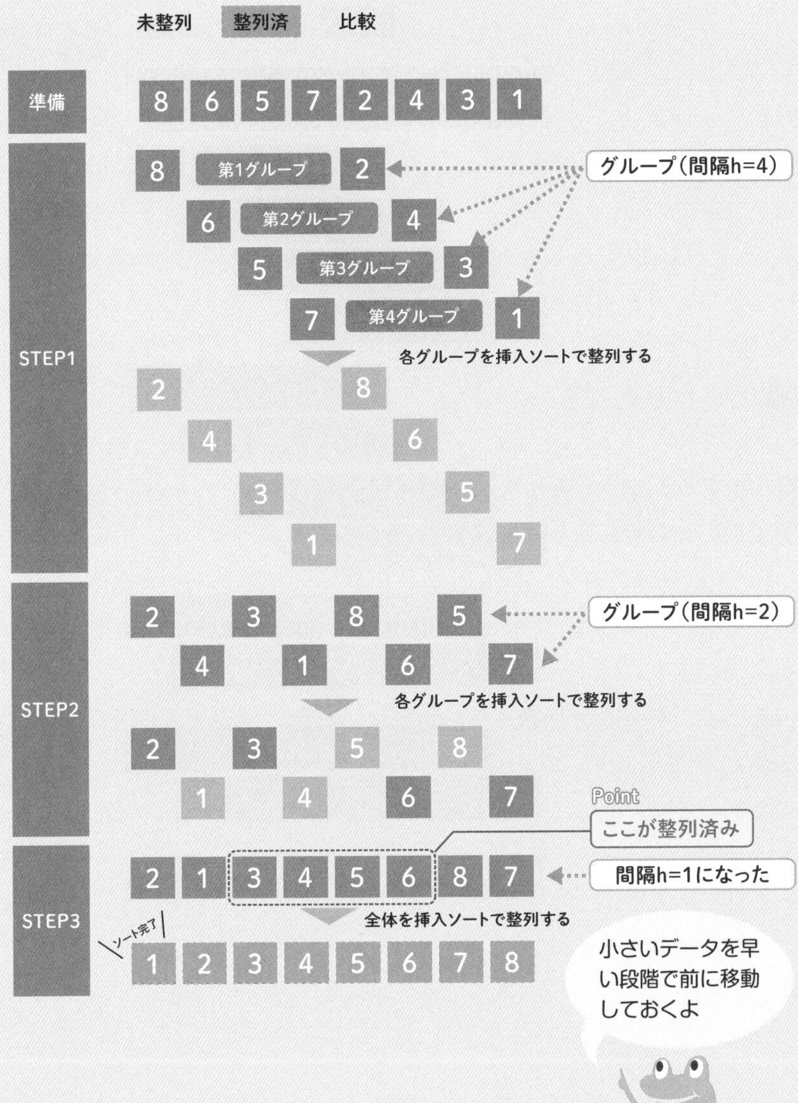

未整列
整列済
比較
準備
8 6 5 7 2 4 3 1
STEP1
8 第1グループ 2
6 第2グループ 4
5 第3グループ 3
7 第4グループ 1
グループ（間隔h=4）
各グループを挿入ソートで整列する
2 8
4 6
3 5
1 7
STEP2
2 3 8 5
4 1 6 7
グループ（間隔h=2）
各グループを挿入ソートで整列する
2 3 5 8
1 4 6 7
Point
ここが整列済み
STEP3
2 1 3 4 5 6 8 7
間隔h=1になった
全体を挿入ソートで整列する
ソート完了
1 2 3 4 5 6 7 8
小さいデータを早い段階で前に移動しておくよ

グループの分け方

シェルソートは、グループの分け方が処理効率に影響します。最初のグループ分け（STEP1）で間隔が広すぎると、遠く離れたごく少数のデータ同士しか整列しないので、十分な効率アップが期待できません。逆に最初の間隔が狭すぎると、ほとんど整列していないまま各グループを挿入ソートすることになるので、やはり全体的な効率アップは期待できません（挿入ソートはデータが整列されていないほど効率が落ちるため）。

間隔hの選び方

最初の間隔を$h_{n+1} = 3h_n + 1$（**最初は1で、それ以降は前の値の3倍＋1する**）という条件の「1,4,13,40,121,364,,,」の中から選ぶと効率が良いことが経験則として知られています。

h＝1は普通の挿入ソートと同じなので、なるべく大きなhを選びたいところですが、データが500個ぐらいあるときh＝364を選ぶと間隔が広すぎて十分な効果が得られません。

そこで、**データの個数÷9を超えない範囲で一番大きいh**が使われることがあります。その場合は、データが1000個なら1000÷9≒111なのでh＝40、200個なら200÷9≒22なのでh＝13を選ぶことになります。

また、STEP2では間隔を半分（割り切れない場合は切り捨て）にしていくとよいでしょう。

間隔hの選び方と流れ図

要素数÷9を超えないh を採用した場合

要素数	10	20	50	200	1000
1回目の間隔h	1	1	4	13	91
2回目の間隔h			2	6	45
3回目の間隔h			1	3	22
4回目の間隔h				1	11
5回目の間隔h					5
6回目の間隔h					2
7回目の間隔h					1

Point
- 2回目以降は間隔を半分にしていく
- 割り切れなければ切り捨て

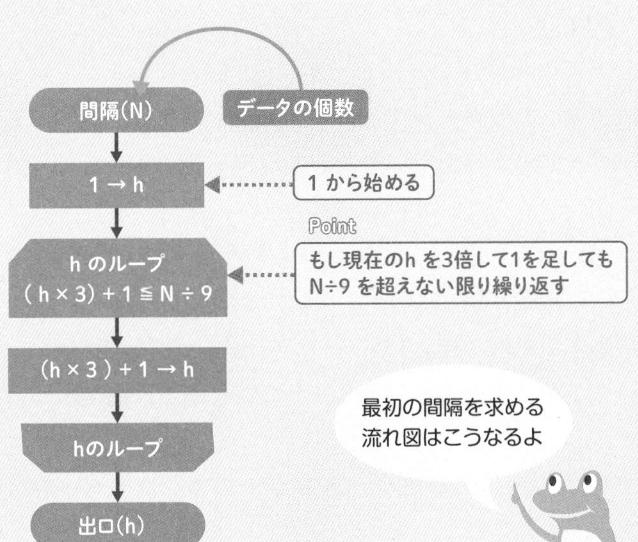

シェルソートの流れ図

シェルソートは間隔hを狭めながら挿入ソートを行うので、hを狭めていくループで挿入ソートのループを囲った構造になります。

ループ❶（外側）

挿入ソートを行う要素同士の間隔hを半分ずつ狭めていくための繰り返しです。ソートしてから狭めるので、後判定型（96ページ）にします。

ループ❷（内側）

挿入ソートで未整列の範囲の先頭を指す位置iを後ろへ進めていくための繰り返しです。179ページでSTEPの数字を増やしていくことに相当し、181ページの流れ図では外側のループに相当します。

挿入ソート❸

ループ❷のiが指す要素を、間隔hずつ離れた同じグループの中で適切な位置へ移動する処理です。179ページで比較と交換を行いながら前へ進んでいくことに相当し、181ページの流れ図では内側のループに相当します。

シェルソートはこの部分の理解が一番難しいので、次のページで詳しく解説します。

シェルソートの流れ図（全体像）

開始

間隔(N) → h

1 h のループ h ≧ 1

Point 間隔が1のときまで繰り返す

1 → i

2 i ≦ N - 1

3 グループ内で挿入ソート(i)

i + 1 → i

iのループ

h ÷ 2 → h

Point 間隔を半分に狭める

hのループ

終了

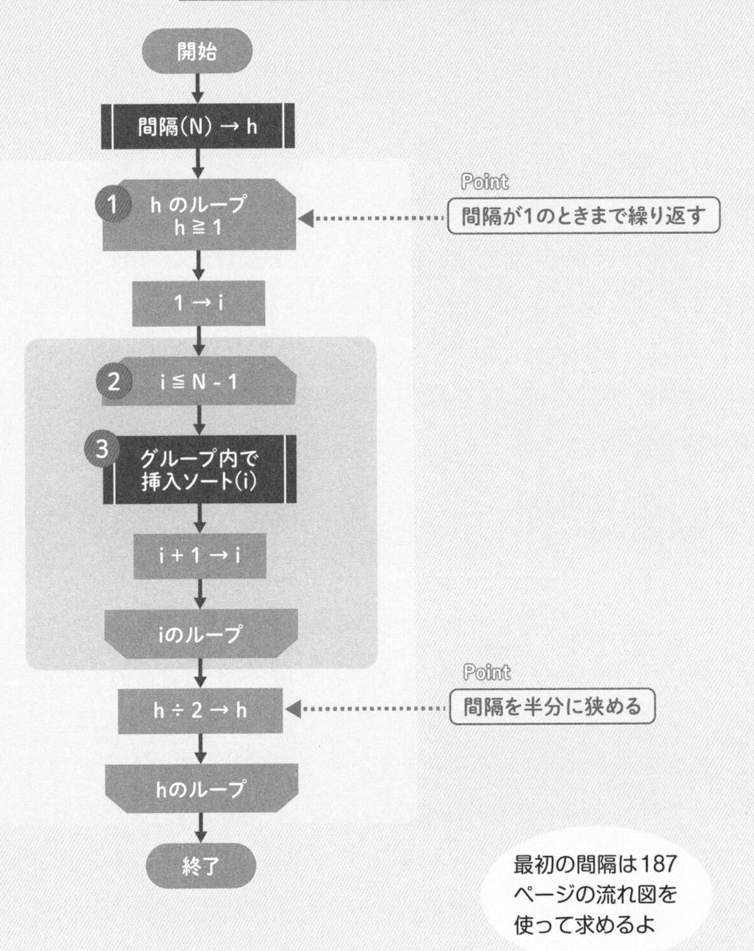

最初の間隔は187ページの流れ図を使って求めるよ

挿入ソート❸の詳細

シェルソートで使う挿入ソートは、普通の挿入ソート（178ページ）と違って間隔hだけ離れた要素の集まり（間隔hのグループ）同士で比較と交換を行います。

ソートする要素（j番目）から見て1つ手前の要素はj－1番目ではなくj－h番目なので、ループカウンタはhずつ減らしていきます。

まずj番目とj－h番目を比較して、j－h番目のほうが大きければj番目と交換します。もしj－h番目のほうが小さかったら、交換する必要がないのでループを終了します。交換した場合は、さらに1つ手前の要素と比較しなくてはならないので、jをhだけ前に進めるためにjにj－hを代入します。

そしてまた同じように、現在のj番目とj－h番目を比較して、j－h番目のほうが大きければj番目と交換します。このようにしてjをhずつ前へ進めながら比較と交換を行っていきます。

もしもi番目の要素がグループの中で一番小さかったら、グループの先頭まで移動する必要があります。そのため、ループカウンタjはグループの中で前から2番目の位置になるまで進めなければなりません。この条件は、j≧hと表せます。たとえばh＝4のとき、185ページの図でいうと第1グループの2の位置（j＝4）までjを移動しなければなりません。つまりj＝hになるまでです。だからループの判定条件はj≧hということになります。

シェルソートの流れ図（挿入ソート❸の詳細）

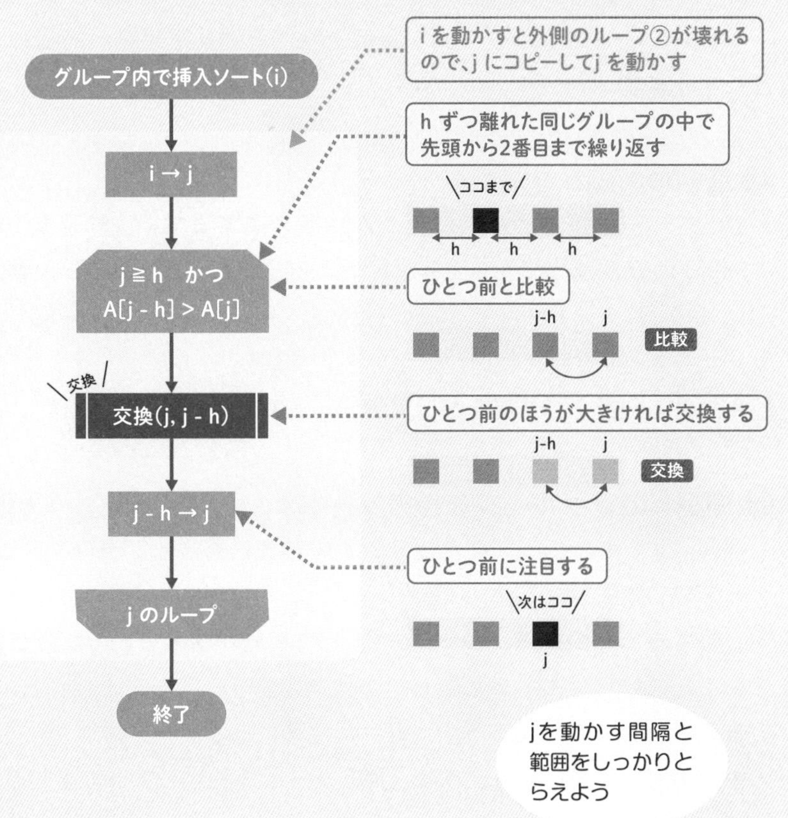

グループ内で挿入ソート(i)

i → j

j ≧ h　かつ A[j - h] > A[j]

交換(j, j - h)

j - h → j

j のループ

終了

i を動かすと外側のループ②が壊れるので、j にコピーしてj を動かす

h ずつ離れた同じグループの中で先頭から2番目まで繰り返す

ココまで

ひとつ前と比較

ひとつ前のほうが大きければ交換する

ひとつ前に注目する

次はココ

シェルソートのプログラム

シェルソートのプログラムを疑似言語で記述すると右ページのようになります。

最初の間隔hを決める

187ページの流れ図をプログラムに置き換えます。後判定型（96ページ）の繰り返しにするとhがN÷9を超えてしまうので、前判定型にして、「まだhは増やさないけれど、もしhの3倍に1を足したとしたらN÷9を超えないかどうか？」を判定するのがポイントです。超えないと判定された場合だけ実際にhを3倍して1を足します。

間隔hの各グループを挿入ソート

❶間隔hを半分にしていく繰り返しの中で、❷ループカウンタiをデータの2番目（i＝1）から最後（i＝N－1）まで後ろへ進めていきます。❸さらにその中で、ループカウンタiを動かすのをいったん止めておくために、代わりの変数jにiを代入します。そして、jが指しているデータが「jから見てhずつ離れた位置にあるデータのグループ」の中で適切な位置にくるように、挿入ソートで移動していきます。

シェルソートのプログラム

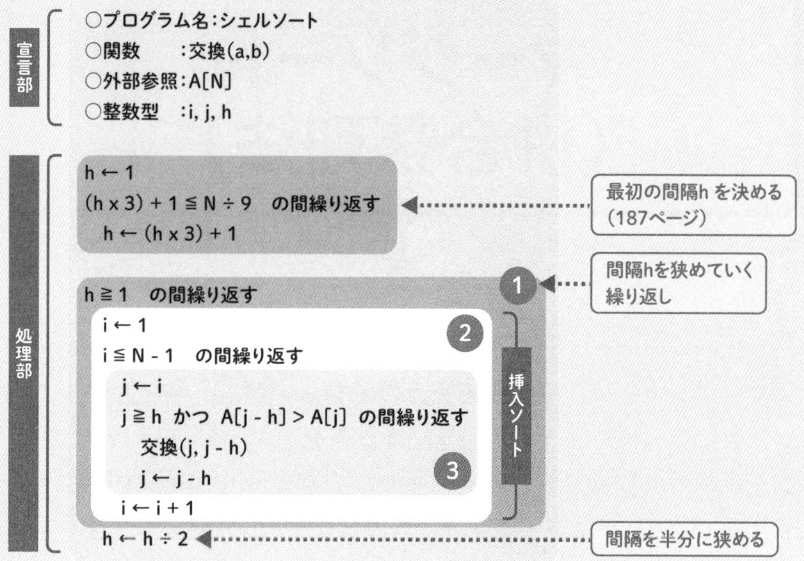

Chapter 06

マージソート（併合整列法）

マージソートとは？

マージソートは、リストを完全に分割してから、再び併合していくときに並べ替えるソート方法です。併合をマージ（merge）と言うことからマージソートと呼ばれます。分割されたリストをサブリストと呼ぶことにすると、具体的な手順は以下のようになります。

STEP1. リストを左右のサブリストに分割する。
STEP2. データが1個ずつになるまでSTEP1を繰り返す。
STEP3. 左右のサブリストを整列しながら併合する。
STEP4. 全てのサブリストを併合するまでSTEP3を繰り返す。

再帰的に分割・併合する

分割と併合の手順は、Chapter05で学んだハノイ関数と同じように再帰処理で表すことができます。どのように再帰処理を適用して、どのように再帰の終了条件を決めればよいのか、考え方を解説していきます。

マージソートの考え方

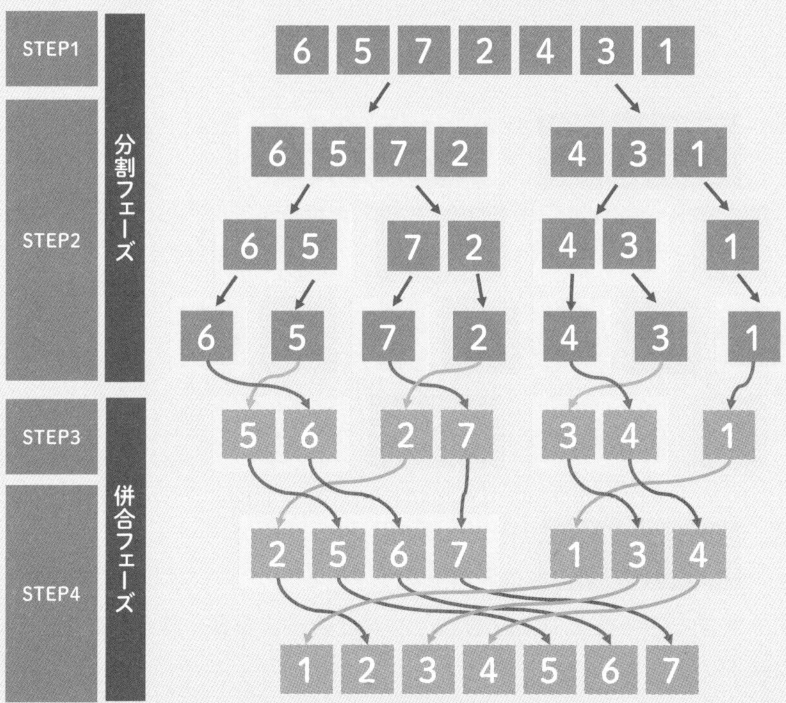
左サブリスト
右サブリスト
整列済
STEP1
STEP2
STEP3
STEP4
分割フェーズ
併合フェーズ
6 5 7 2 4 3 1
6 5 7 2
4 3 1
6 5
7 2
4 3
1
6
5
7
2
4
3
1
5 6
2 7
3 4
1
2 5 6 7
1 3 4
1 2 3 4 5 6 7

バラバラにしたものを並べ替えながらつないでいくよ

マージソートの再帰処理

マージソートの再帰処理をマージソート関数と呼ぶことにして、マージソート関数がどのような形になるかを考えていきましょう。

ハノイ関数の場合

考え方の土台は、ハノイ関数（154ページ）です。ハノイ関数を使ってN枚の円盤を移動するには、一番下の円盤の上に乗っているN－1枚の円盤をどうにかして別の場所へ退避させなければなりませんでした。そのために、Nを1つずつ減らしながらハノイ関数を再帰的に呼び出しました。その考え方の背景にあったのは、「N－1枚の円盤を移動できると仮定すれば、N枚の円盤を移動する手順を作ることができる」という論理でした。

マージソートの場合

ハノイ関数の「N－1枚を移動できる」という仮定に相当するのは、**あるサブリストを2つに分割したサブリストAとBそれぞれがマージソートできる**という仮定です。

もしも右ページの1回目のマージができると仮定すれば、2回目のマージもできることになります。すると、3回目のマージもできることになるので、最終的にリスト全体もマージできることになります。

再帰的にマージソートが成り立つには？

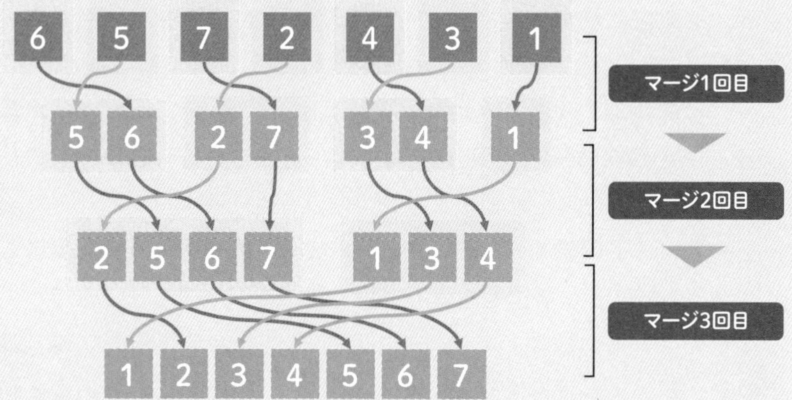

1回目ができたら
2回目以降もできるはず

任意のサブリストがマージソートできると仮定すると、リスト全体もマージソートできることになる。

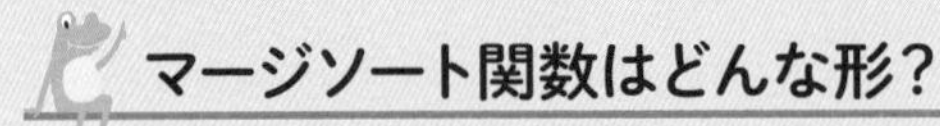

マージソート関数はどんな形？

ハノイ関数にならってマージソート関数の大雑把な流れ図を考えてみましょう。

ハノイ関数は「円盤の枚数N、移動元from、移動先to、残った棒work」の4つの引数を受け取り、再帰的に自分自身を呼び出すときにもこれらの引数を渡しました。

マージソート関数が再帰的にサブリストのマージソートを実行していくためにはどんな情報を渡していく必要があるでしょうか？

マージソート関数は、サブリストの分割と併合を再帰的に繰り返すので、関数に処理をさせたいサブリストが元のリストでいうと何番目から何番目までの範囲にあるのかを引数で伝える必要があります。

そこで、マージソート関数に処理をさせるサブリストの先頭の位置をleft、末尾の位置をrightとすると、流れ図は右のような形になります。ハノイ関数と同じように、❶最初に再帰の終了条件を置いて、終了しない場合だけ下へ進むようにします。❷このサブリストを左右に分割したサブリストをそれぞれマージソートします。それぞれのサブリストはさらにサブリストを含んでいるので、この部分を再帰処理します。❷が終わったら、❸で左右のサブリストを整列しながらつなぎます。

マージソート関数のイメージ

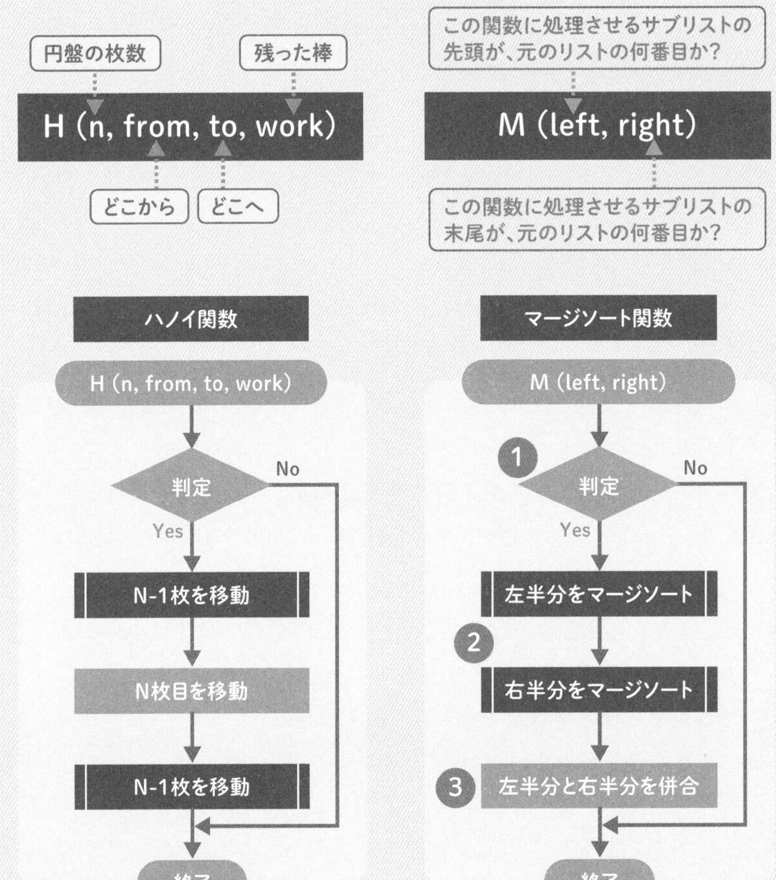

円盤の枚数
残った棒
H（n, from, to, work）
どこから
どこへ
この関数に処理させるサブリストの先頭が、元のリストの何番目か？
M（left, right）
この関数に処理させるサブリストの末尾が、元のリストの何番目か？
ハノイ関数
H（n, from, to, work）
判定
No
Yes
N-1枚を移動
N枚目を移動
N-1枚を移動
終了
マージソート関数
M（left, right）
1
判定
No
Yes
左半分をマージソート
2
右半分をマージソート
3
左半分と右半分を併合
終了

サブリストの範囲はどう表せる?

マージソート関数の引数で指定された、現在のサブリストの先頭と末尾を指す要素番号をleft、rightとすると、次のサブリストはどこで分割すればよいでしょうか?

ちょうど真ん中で分けたいところですが、リストの要素数が奇数のときは2で割り切れないので、左が4個で右が3個といったようにうまく分けなければなりません。

そこで、中央の位置が(left + right) ÷ 2で計算できることに着目して、割り切れないときは端数を切り捨てることにします。これをmidとして、leftからmidまでを左のサブリスト、mid + 1からrightまでを右のサブリストにします。

すると、リストの長さが7のとき1回目の再帰呼び出しはleft = 0、mid = 3、right = 6なので、要素番号0 〜 3までの4個が左のサブリスト、要素番号4 〜 6までの3個が右のサブリストになります。

- **リストの中央の位置はmid = (left + right) ÷ 2（端数切捨て）**
- **left番目からmid番目までが左のサブリスト**
- **mid + 1番目からright番目までが右のサブリスト**

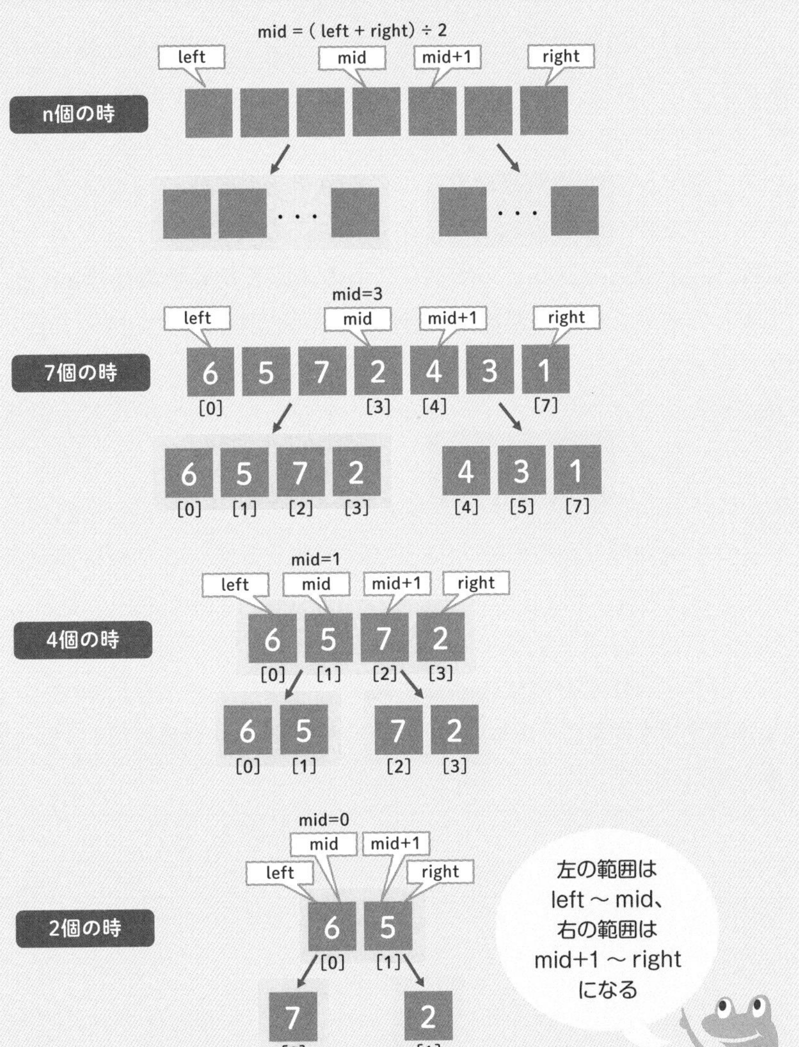
サブリストの範囲
mid = (left + right) ÷ 2
left
mid
mid+1
right
n個の時
・・・
・・・
mid=3
7個の時
6 5 7 2 4 3 1
[0]
[3]
[4]
[7]
6 5 7 2
[0] [1] [2] [3]
4 3 1
[4] [5] [7]
mid=1
4個の時
6 5 7 2
[0] [1] [2] [3]
6 5
[0] [1]
7 2
[2] [3]
mid=0
2個の時
6 5
[0] [1]
7
[0]
2
[1]
左の範囲は
left ～ mid、
右の範囲は
mid+1 ～ right
になる

マージソート関数の終了条件

それぞれの再帰呼び出しで左右のサブリストの範囲をどのように表せるかはわかりましたが、「どこまで分割したら終わり」という条件（再帰呼び出しを終了させる条件）はどう表せるでしょうか？

マージソートの再帰呼び出しは、これ以上リストを分割できなくなったとき終了しなければなりません。この条件は、マージソート関数に渡す引数を使うと、**サブリストの先頭を指す要素番号leftと、リストの末尾を指す要素番号rightが重なったとき**と言い換えることができます。マージソート関数は再帰的に呼び出されるたびに分割が細かくなっていくので、引数が指す先頭の要素番号と末尾の要素番号の距離は徐々に近づいていきます。そして、これ以上分割できなくなったときサブリストの要素は1個だけになり、このとき先頭と末尾の要素番号は同じ位置を指すことになります。これが再帰処理の終了条件になります。

マージソートの再帰呼び出しの終了条件は、分割したサブリストの先頭と末尾を指す要素番号が重なったとき（サブリストの要素数が1になったとき）。

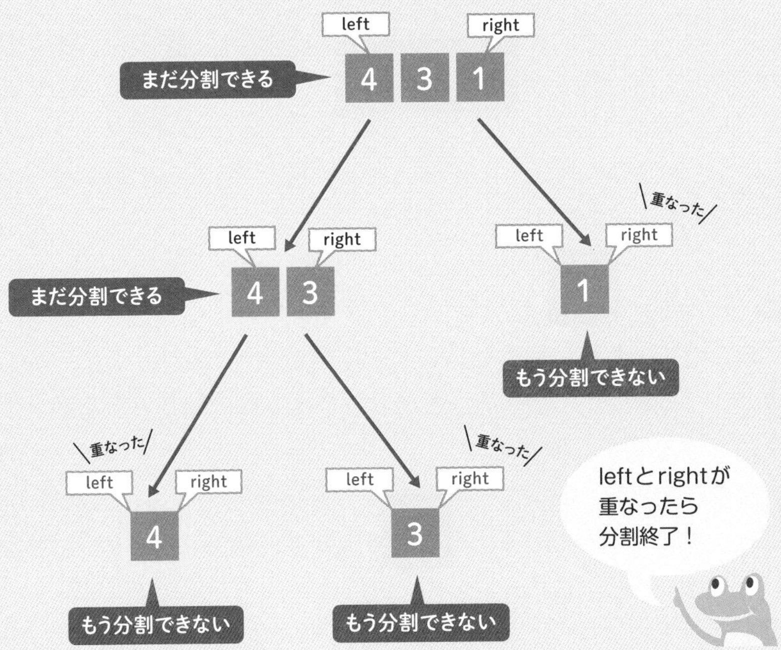
マージソート関数の終了条件
left
right
まだ分割できる
4
3
1
left
right
まだ分割できる
4
3
重なった
left
right
1
もう分割できない
重なった
left
right
4
もう分割できない
重なった
left
right
3
もう分割できない
leftとrightが
重なったら
分割終了！

サブリストの整列が終わったら何をする?

左右のサブリストに対するマージソート関数の再帰呼び出しが終わったら(195ページの折り返し地点に来たら)、STEP2が終わったことになるので、次はSTEP3～STEP4を行ってサブリストを併合します。右の図のサブリスト「5 6」「2 7」を「2 5 6 7」に併合する手順は次の通りです。

サブリストの併合

❶元のリストから併合する範囲を取り出して作業用のリストworkにコピーします。このとき、**左のサブリストは先頭から、右のサブリストは末尾から順に取り出します。**❷workの先頭と末尾から1つずつ取り出して比較し、小さいほうを併合後の位置に入れます。workの中身がなくなるまで❷を繰り返すと、❶でコピーした範囲が小さい順に整列します。

左右のサブリストはそれぞれ小さい順に整列しているので、左右それぞれ先頭から順番に取り出して比較すると効率的です。workにコピーするとき、右のサブリストだけ末尾から取り出してworkの中身を先頭と末尾から比較していくのは、実質的に左右のサブリストを先頭から順番に比較していくことと同じです。

サブリストをマージする手順

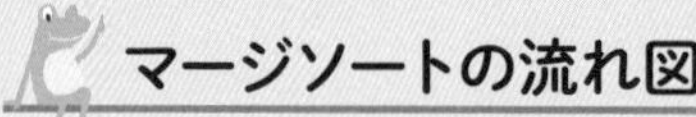

マージソートの流れ図

マージソートの流れ図は次のようになります。

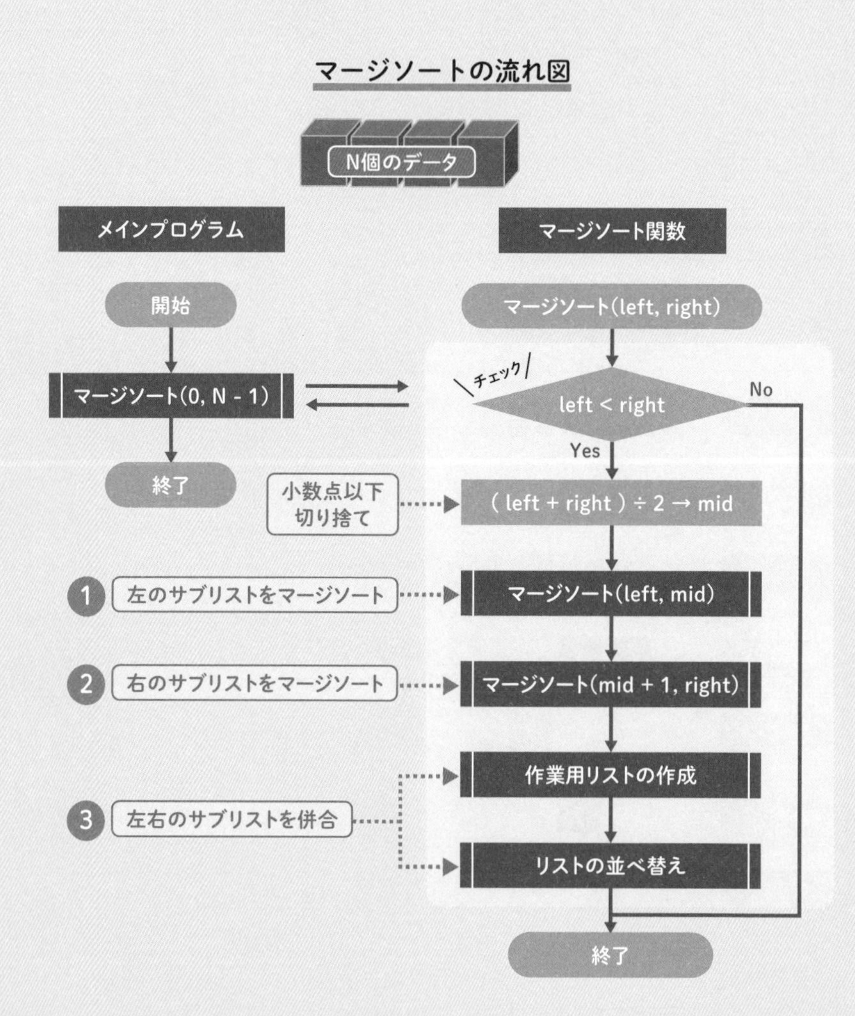

マージソートの流れ図

N個のデータ

メインプログラム

開始

マージソート(0, N - 1)

終了

マージソート関数

マージソート(left, right)

チェック

left < right

Yes

No

小数点以下切り捨て

(left + right) ÷ 2 → mid

1 左のサブリストをマージソート

マージソート(left, mid)

2 右のサブリストをマージソート

マージソート(mid + 1, right)

3 左右のサブリストを併合

作業用リストの作成

リストの並べ替え

終了

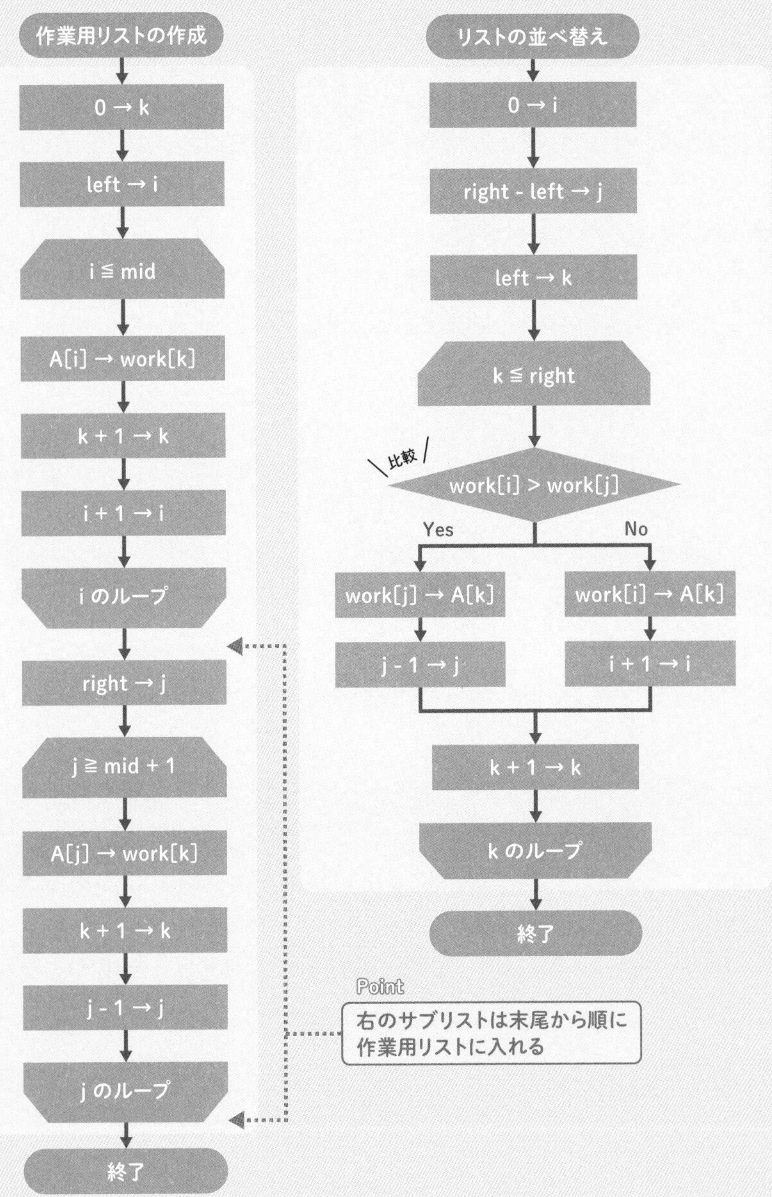
作業用リストの作成
0 → k
left → i
i ≦ mid
A[i] → work[k]
k + 1 → k
i + 1 → i
i のループ
right → j
j ≧ mid + 1
A[j] → work[k]
k + 1 → k
j - 1 → j
j のループ
終了
リストの並べ替え
0 → i
right - left → j
left → k
k ≦ right
比較
work[i] > work[j]
Yes
No
work[j] → A[k]
j - 1 → j
work[i] → A[k]
i + 1 → i
k + 1 → k
k のループ
終了
Point
右のサブリストは末尾から順に
作業用リストに入れる

マージソートのプログラム

マージソートのプログラムを疑似言語で記述すると右ページのようになります。流れ図との対応関係を丁寧に読み取りましょう。

❶左のサブリストをマージソート

左のサブリストの範囲（left番目からmid番目まで）を引数としてマージソートを再帰的に呼び出します。

❷右のサブリストをマージソート

右のサブリストの範囲（mid＋1番目からright番目まで）を引数としてマージソートを再帰的に呼び出します。

❸左右のサブリストを併合

❶と❷によって左右のサブリストはそれぞれ整列済みの状態になっているので、leftからrightまでの範囲を作業用リストにコピーして、作業用リストから要素を小さい順に取り出していきます。iは前から取り出す位置、jは後ろから取り出す位置を表します。前から取り出した場合はiを後ろへ、後ろから取り出した場合はjを前へ進めます。取り出した要素は、作業用リストへコピーした元のリストの範囲へ、前から1つずつ入れていきます。作業用リストから取り出すたびに元のリストへ入れる位置kを後ろへずらすと、取り出しが終わったときleftからrightまでの範囲が整列済み（併合済み）になります。

マージソートのプログラム

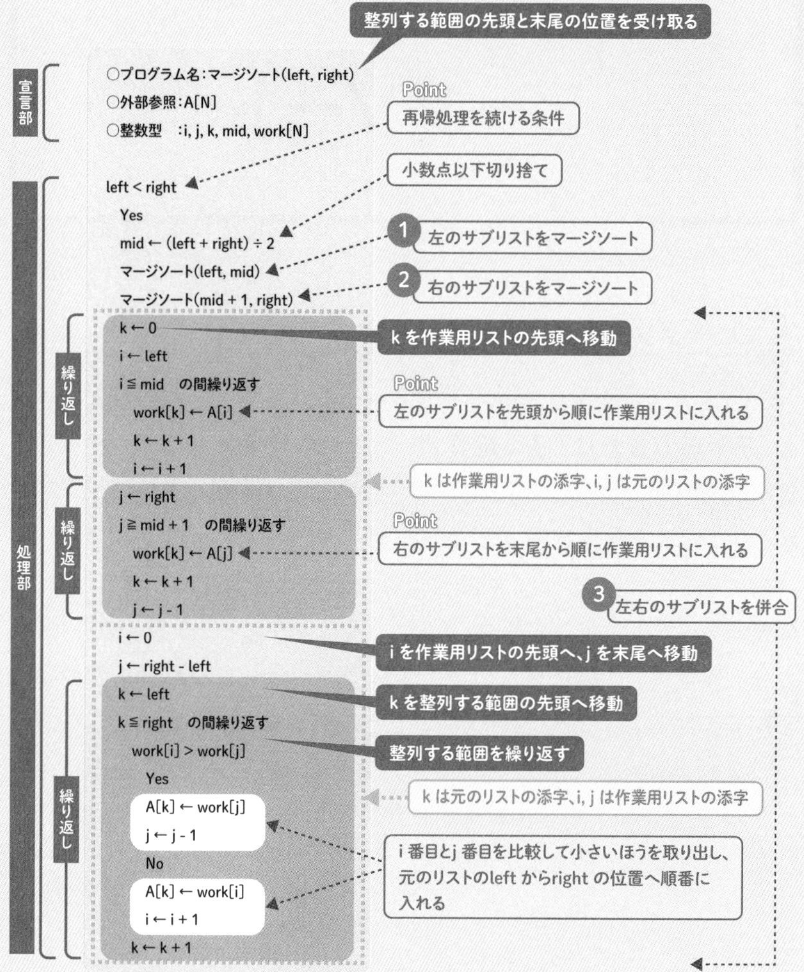

Chapter 06

ヒープソート

ヒープソートとは？

Chapter03で学んだ二分木（72ページ）のうち、どの部分木を見ても「**子≧親**」（または「**子≦親**」）という特殊な性質をもつデータ構造をヒープ（heap）と呼びます。「子≧親」の二分木を**最小ヒープ**、「子≦親」の二分木を**最大ヒープ**と呼びます。

右の図は、配列を二分木に当てはめた様子を表しています。最初の要素を木の根（ルート）とみなし、2番目を左の子、3番目を右の子、さらに4番目と5番目を左の子のさらに子へと、ジグザグに要素番号を割り当てると、二分木とみなすことができます。

この状態から、ヒープの性質を満たすように二分木を組み替えていきます。そうすると、組み換えが完了した時点で木の根（ルート）に最小値（または最大値）が移動していることになります。ヒープの性質から、ルートはどの子よりも小さい（または大きい）はずだからです。

次に、ルートと末尾を交換して、末尾を除いた要素だけで再びヒープを作り、同じことを繰り返していきます。すると、末尾から先頭に向かって小さい順（または大きい順）に整列するので、先頭から見ると大きい順（または小さい順）になります。

これがヒープソートの手順（考え方）です。

ヒープの性質を利用してデータを整列させる

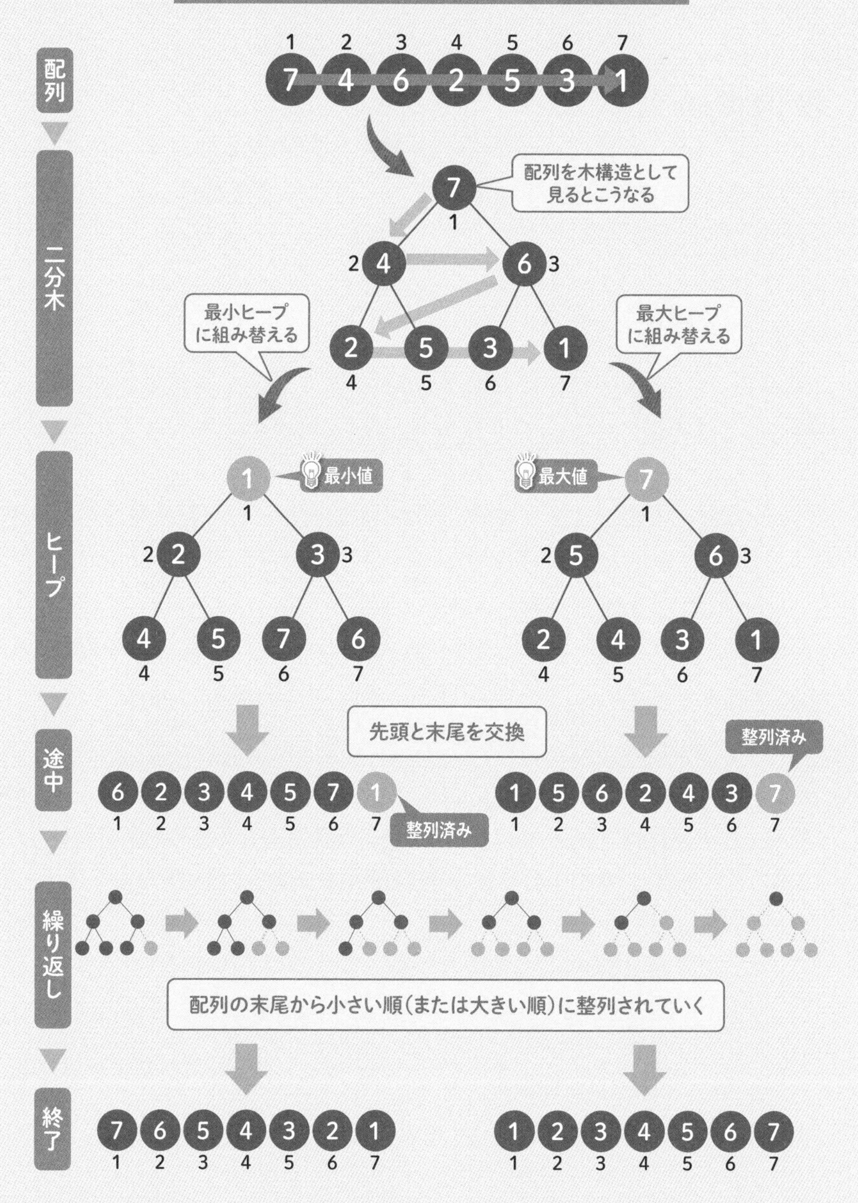

配列

1 2 3 4 5 6 7

7 4 6 2 5 3 1

二分木

配列を木構造として見るとこうなる

最小ヒープに組み替える

最大ヒープに組み替える

ヒープ

最小値

最大値

途中

先頭と末尾を交換

6 2 3 4 5 7 1

整列済み

1 5 6 2 4 3 7

整列済み

繰り返し

配列の末尾から小さい順（または大きい順）に整列されていく

終了

7 6 5 4 3 2 1

1 2 3 4 5 6 7

ヒープソートの手順

【準備】配列を二分木とみなす

ヒープソートの最初の手順は、それぞれの要素を二分木に割り当てることです。絵に描くと簡単ですが、配列の要素番号（添字）と二分木の位置の対応関係をどのように表すかがポイントです。

親から見た子の位置

結論から言うと、ある親の要素番号をiとすると、左の子の要素番号は(2 × i) + 1、右の子の要素番号は(2 × i) + 2と表すことができます。この関係は、どの部分木でも成立します。

たとえば右の図でルートの「7」に注目すると、親の要素番号はi = 0、左の子の要素番号は(2 × 0) + 1 = 1、右の子の要素番号は(2 × 0) + 2 = 2になるので、図と一致します。

同様に、ルートの左の子「4」に注目すると、親の要素番号はi = 1、左の子の要素番号は(2 × 1) + 1 = 3、右の子の要素番号は(2 × 1) + 2 = 4になるので、図と一致します。

配列を二分木に置き換えたとき、左の子の要素番号は「親の要素番号の2倍に1を足す」、右の子の要素番号は「親の要素番号の2倍に2を足す」という関係が成り立ちます。

配列の添字と二分木の対応関係

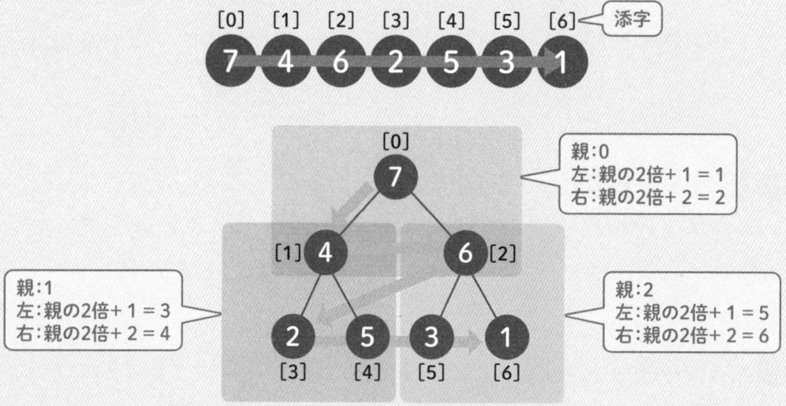

親から見た子の位置の表し方がポイント

次の手順で二分木をヒープに変形していきますが、そのときに親と子を比較するために要素番号を使うので、左の関係が成り立つことをしっかり確認しておきましょう。

【STEP1】二分木を最小ヒープにする

データを大きい順に整列することを目指します。そのためには、二分木を最小ヒープの性質を満たすように変形して、最小値をルートに浮かび上がらせます。

部分木を最小ヒープにする

部分木を最小ヒープにするには、親と左右の子を比較して、親よりも小さい子があれば、小さいほうと親を交換します。

全体を最小ヒープにする

この手順を、二分木のルートから最も遠い部分木からルートに向かって順番に行います（図①②③）。

このとき、親と交換した子の部分木は、値が変わることによってヒープの条件を満たさなくなる場合があります。そこで、もう一度ヒープにする手順を行います（図④）。これを再帰的に行うことによって、いまヒープにしている部分木の左右どちらの子も常にヒープの条件を満たした状態が維持されます。

ルートまで行うと、全体が最小ヒープになるので、ルートに最小値が浮かび上がります（図⑤）。

二分木を最小ヒープにすると、ルートに最小値が移動します。最大ヒープにすると、ルートに最大値が移動します。

ヒープ構造に変換する

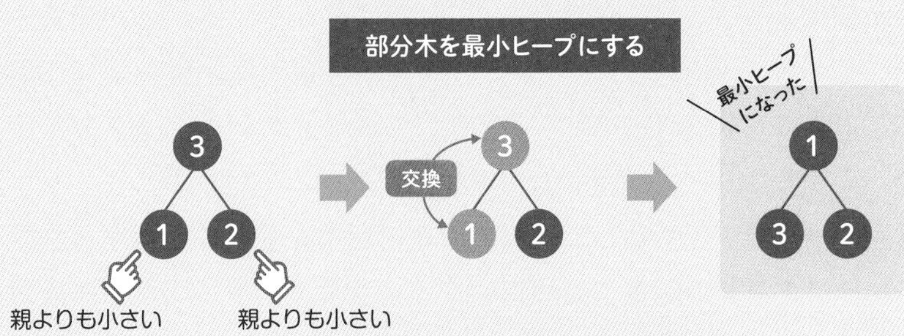

全体を最小ヒープにする

STEP1

1 交換

2 交換

3 交換

親が変わったので再びヒープにする

4 交換

5 最小値

どの部分木を見ても子≧親になるのが最小ヒープ

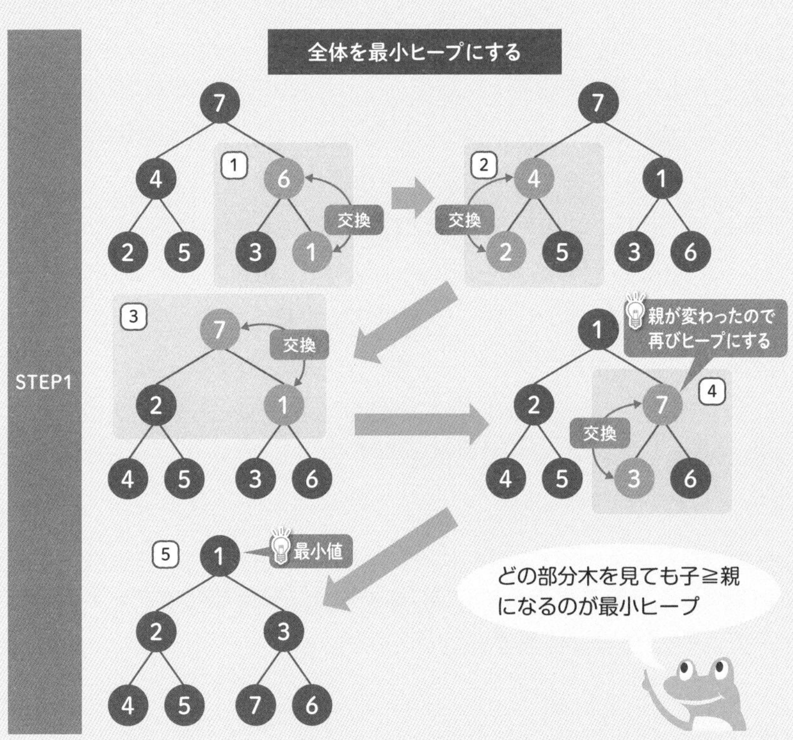

【STEP2】範囲を狭めて最小ヒープ化を繰り返す

最小値が浮かび上がったルートは整列済みと考えることができるので、二分木から取り外します。取り外した要素は、元の配列と混ざらないように別の（一時的な）配列に移し替えていく方法もありますが、ここではルートと元の配列の末尾（二分木でいうとルートから一番遠いリーフ）を交換して、**整列済みの要素を配列の末尾から先頭に向かって1つずつ順番に詰めていく**方法を採ります。どちらの方法も本質的には同じですが、後者の方法は一時的な配列を用意しなくて済むので無駄が少ない方法と言えます。

ルートと末尾を交換したら（図①）、末尾を除いた残りの要素を新しい二分木とみなします（図②）。すると、新しい二分木はルートが置き換わっているのでヒープの条件を満たしません。

そこで、新しい二分木を【STEP1】の手順でヒープにします（図③）。すると、新しい配列の最小値（元の配列で2番目に小さい値）がルートに浮かび上がるので、ルートと末尾を交換します（図④）。これで元の配列の末尾から2つ目までが整列できました（図⑤）。

この手順を、ルートと末尾を交換するたびに二分木の範囲を1つずつ前に狭めながら繰り返します（図⑥⑦）。二分木がルートだけになったら整列完了です。

STEP1,2で二分木が最大ヒープになるように要素を交換すると、データが小さい順に整列します。

整列済みの要素を後ろに移動

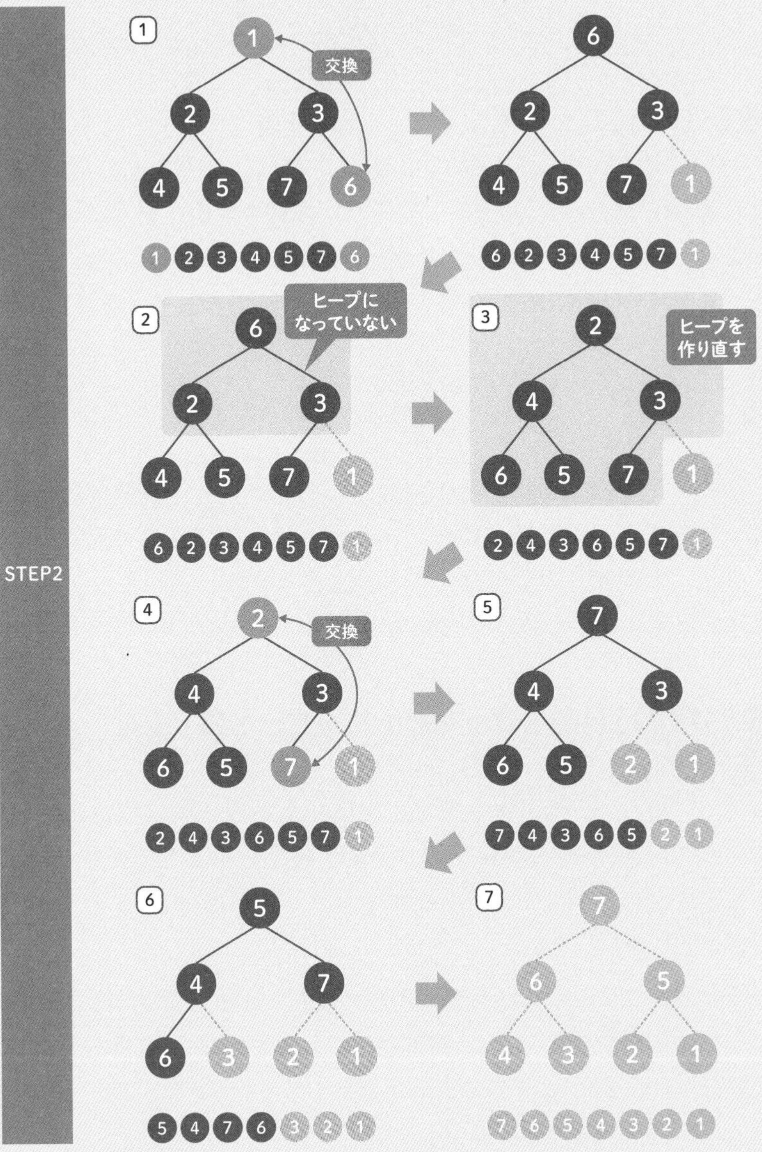

ヒープソートの流れ図(全体)

ヒープソートの流れ図は右ページのようになります。

【STEP1】二分木を最小ヒープにする

STEP1は215ページの図に相当します。この処理は、「ルートから一番遠い親」から「ルート」まで1つずつ要素番号を先頭へ向かって進めていきます。「ルートから一番遠い親」の要素番号は、配列の長さをNを使って(N÷2)−1と表すことができます(図❶)。たとえば213ページの図ではN=7なので、割り算の小数点以下を切り捨てると(7÷2)−1=3−1=2となり、「6」から始めてルートの「7」まで1つずつ繰り返します。

サイズがn(要素数がn)の二分木のi番目を親とする部分木を最小ヒープにする処理を**最小ヒープ**(n,i)という名前の関数で表すことにすると、この繰り返しは図❷のように書けます。最小ヒープ関数の具体的な手順は次のページで解説します。

【STEP2】範囲を狭めて最小ヒープ化を繰り返す

STEP2は217ページの図に相当します。STEP1で最小値がルートに来ているので、ルートと末尾を交換します(図❸)。交換したら末尾を除いたi個からなる新しい二分木を最小ヒープにします(図❹)。すると、次の最小値がルートに来るので、末尾の位置iを1つ前に進めます(図❺)。

❸❹❺を繰り返していくのですが、1回繰り返すたびに配列の後ろから1つずつ整列済みになっていくので、配列の長さよりも1少ない回数だけ繰り返せば全ての要素が整列します。iはN−1から始めるので、i=1まで繰り返します。

ヒープソートの流れ図（全体）

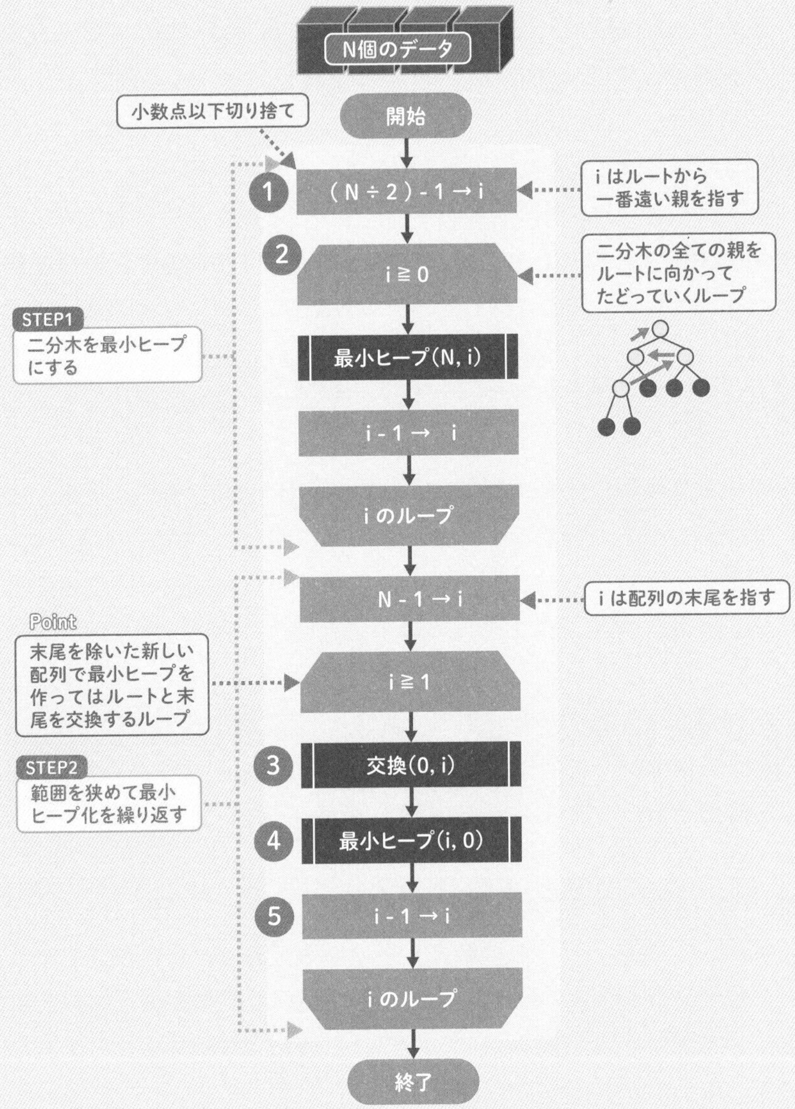

ヒープソートの流れ図（最小ヒープ関数）

最小ヒープ関数は、二分木のサイズnと、最小ヒープにする部分木の親要素の位置iを引数として受け取ります。

親より小さい子を探す

まず、212ページの関係を使って、左の子と右の子の位置を求めます（図❶❷）。そして、親と子のうち一番小さい要素の位置を指す変数をminとして、親の位置を入れておきます。minには仮の最小値の位置が入っていることになります（図❸）。

次に、親と左の子を比較しますが、親iが必ず左の子を持っているとは限らないので、左の子があるかどうかをチェックします。左の子の位置leftが二分木のサイズnより小さければ、左の子があるという証拠なので、判定条件はleft < nです（図❹）。左の子があれば、仮の最小値と比較して、左の子のほうが小さければminに左の子の位置を入れます。左の子が仮の最小値ということになります（図❺❻）。

同様にして、右の子があれば（図❼）、仮の最小値と比較します。右の子のほうが小さければminに右の子の位置を入れます（図❽❾）。この時点でminにはi,left,rightのどれかが入っています。

小さいほうと親を交換する

minがiと異なっていれば親より小さい子があったという証拠なので、親と交換します（図❿⓫）。すると、交換したほうの子を親とする二分木が子≦親（最小ヒープの条件）を満たさなくなることがあるので、最小ヒープにします（図⓬）。

ヒープソートの流れ図（最小ヒープ関数）

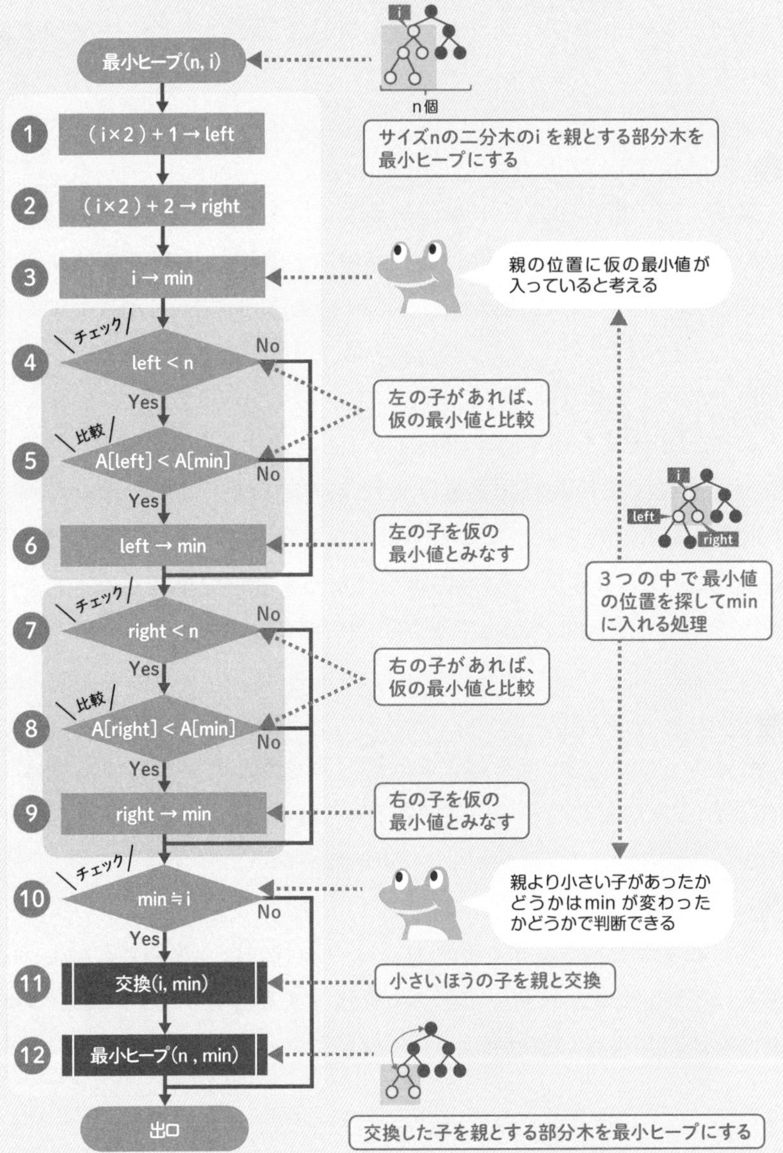

ヒープソートのプログラム

ヒープソートのプログラムを疑似言語で記述すると右ページのようになります。

メインプログラム

まず、元の配列のルートから一番遠くにある親の位置（要素番号）を計算してiに入れ、iを親とする部分木を最小ヒープの条件を満たすように（子≧親になるように）組み替える処理を、iが0になるまで（ルートに行き着くまで）繰り返します（図❶❷）。これで最小値がルートに浮上します。

次に、iが末尾を指すようにしてルートと末尾を交換します（図❸）。交換して末尾に移動した要素は整列済みなので、これを除いたN－1個目までの配列を新たな二分木とみなして最小ヒープにします（図❹）。二分木のサイズ（要素数）が1になるまで❸❹を繰り返すと、配列の末尾から先頭に向かって小さい順に整列します。

最小ヒープ関数

サイズnの二分木のiを親とする部分木を最小ヒープにする関数です。iから見た左右の子の位置を計算し（図❺）、親と左の子と右の子の3つのうち最小の値が入っている位置をminに覚えさせます（図❻❼）。

もし親よりも小さい子があれば、より小さいほうを親と交換し（図❽）、交換したほうの子の位置minを親とする部分木が最小ヒープの条件を満たすように並べ替えます（図❾）。

ヒープソートのプログラム

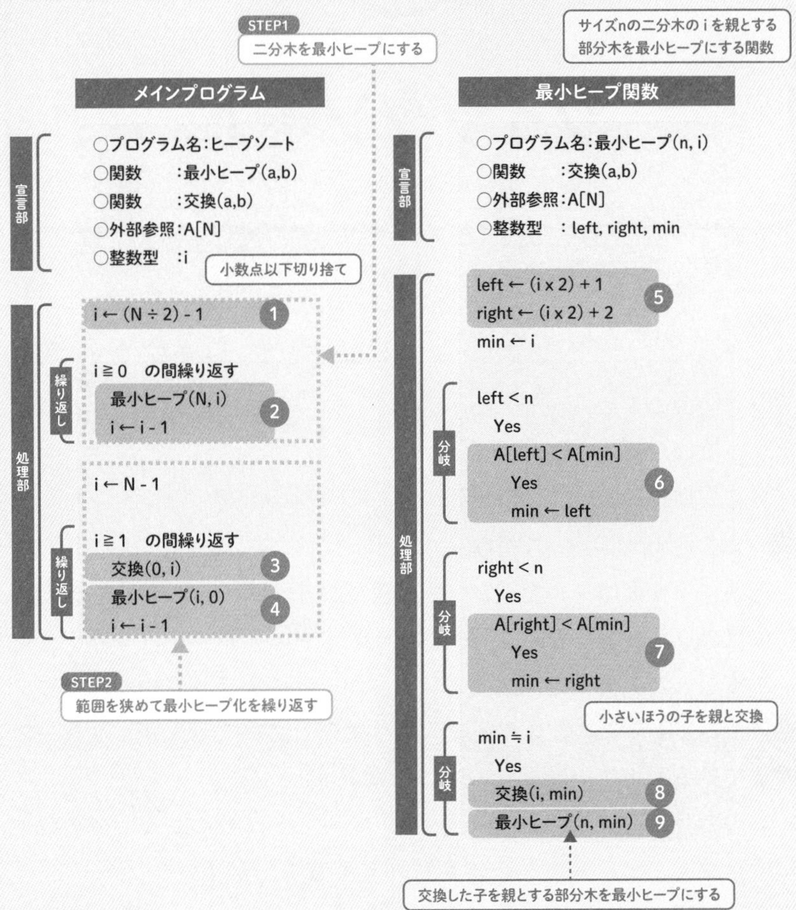

Chapter 06

クイックソート

クイックソートとは?

クイックソート(quick sort)とは、データの比較・交換が非常に少ない高速なソート方法です。

クイックソートの手順

基準にする要素を1つ選び、左が基準値未満のグループ、右が基準値以上のグループになるように振り分けます。

すると、どの要素を見ても「左のグループの要素≦右のグループの要素」になります。各グループの中は整列していませんが、グループ同士で見ると小さい順になっています。

この操作を左のグループと右のグループそれぞれについて再帰的に繰り返すことによって全体を整列する方法がクイックソートです。手順を整理すると次のようになります。

STEP1. データの中で基準にする要素を1つ選ぶ
STEP2. 基準値未満のグループと基準値以上のグループに分ける
STEP3. 各グループについてSTEP1.2. を再帰的に行う

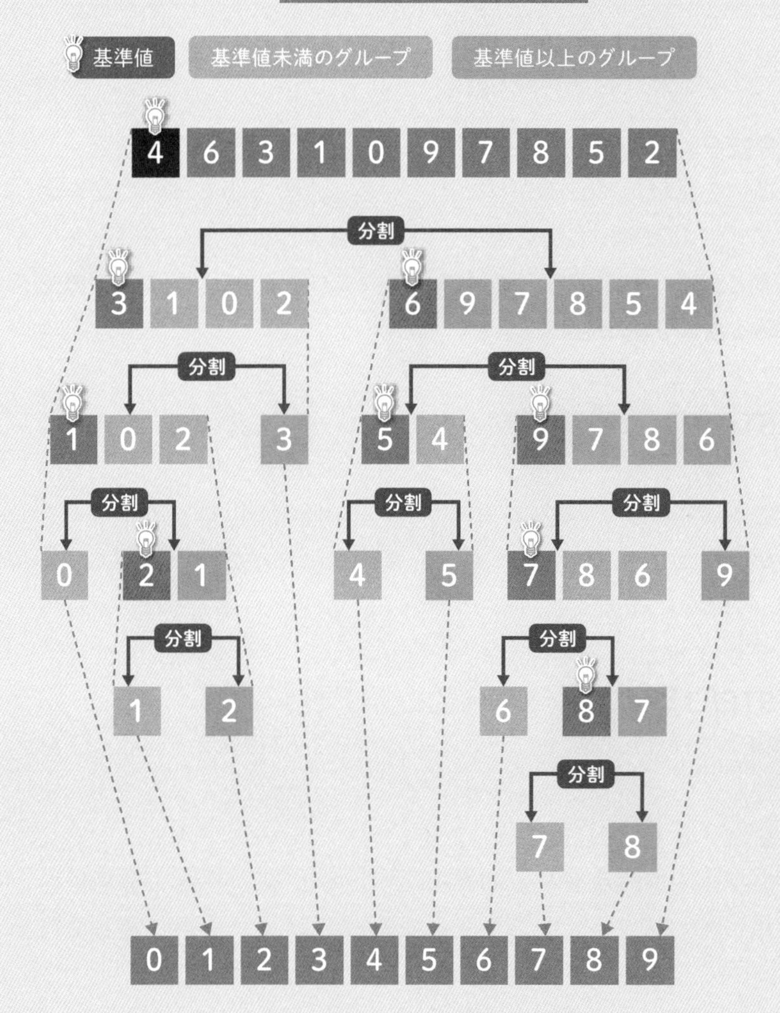

クイックソートのイメージ

基準値　基準値未満のグループ　基準値以上のグループ

4 6 3 1 0 9 7 8 5 2

分割

3 1 0 2　　6 9 7 8 5 4

分割　分割

1 0 2　3　　5 4　9 7 8 6

分割　分割　分割

0　2 1　　4　5　　7 8 6　9

分割　分割

1　2　　6　8 7

分割

7　8

0 1 2 3 4 5 6 7 8 9

クイックソートの具体例

右のデータを例として、STEP1 ～ 3を当てはめてみましょう。

【STEP1】基準値を選ぶ

基準値の選び方はさまざまです。グループの中間ぐらいの値を選ぶとソートの効率が良いのですが、それを見つけるのに手間をかけすぎるとかえって効率が落ちるので、ここでは単純に**グループの先頭にある要素を基準値**とします。

【STEP2】左のグループと右のグループに分ける

「4」未満の要素を左側に集めます（左のグループ）。「4」以上の要素を右側に集めます（右のグループ）。基準値の「4」は右のグループの中ならどこでも良いのですが、一番後ろに入れることにしましょう（これ以降も同様）。

【STEP3】グループを再帰的に分けていく

STEP2で分けたグループそれぞれについてSTEP1,2と同じことを繰り返していくのですが、一度に考えるとややこしくなるので、まずは左のグループだけに注目しましょう。

このグループの基準値は先頭の「3」なので、「3」未満の要素を左のグループに振り分け、「3」以上の要素を右のグループに振り分けます。

3以上のグループは要素が1個だけになったので、これ以上は分けられませんが、3未満のグループは要素が3個あるのでさらに分けることができます。

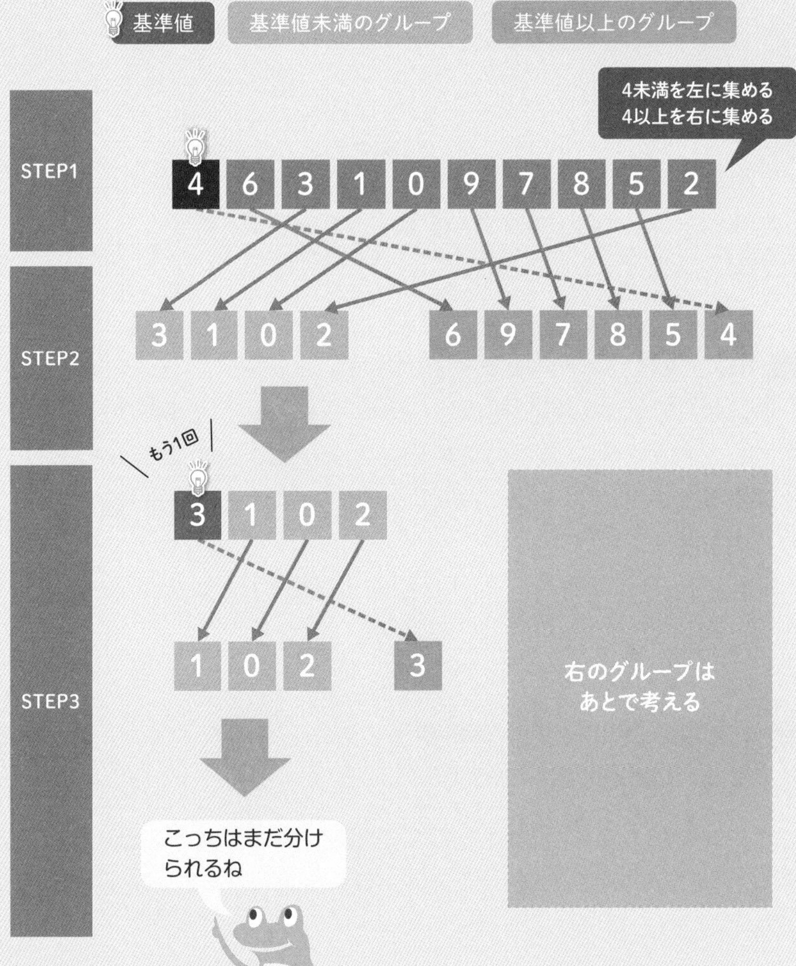
クイックソートのグループ分け（途中）
基準値
基準値未満のグループ
基準値以上のグループ
4未満を左に集める
4以上を右に集める
STEP1
4 6 3 1 0 9 7 8 5 2
STEP2
3 1 0 2
6 9 7 8 5 4
もう1回
STEP3
3 1 0 2
1 0 2
3
右のグループは
あとで考える
こっちはまだ分け
られるね

3未満のグループをさらに分ける

3未満のグループに注目しましょう。このグループの基準値は先頭の「1」なので、「1」未満の要素を左のグループに振り分け、「1」以上の要素を右のグループに振り分けます。基準の「1」は右のグループに入れます。

1未満のグループは要素が1個だけになったので、これ以上は分けられませんが、1以上のグループは要素が2個あるのでさらに分けることができます。

1以上のグループをさらに分ける

1以上のグループに注目しましょう。このグループの基準値は先頭の「2」なので、「2」未満の要素を左のグループに振り分け、「2」以上の要素を右のグループに振り分けます。基準の「2」は右のグループに入れます。

1未満のグループも1以上のグループも要素が1個だけになったので、ここでグループ分けを終了します。

4未満のグループが整列完了

ここまでの操作で、4未満のグループが「3,1,0,2」から「0,1,2,3」に並び替わって小さい順になりました。では、4以上のグループも同じように操作していきましょう。

クイックソートのグループ分け（途中）

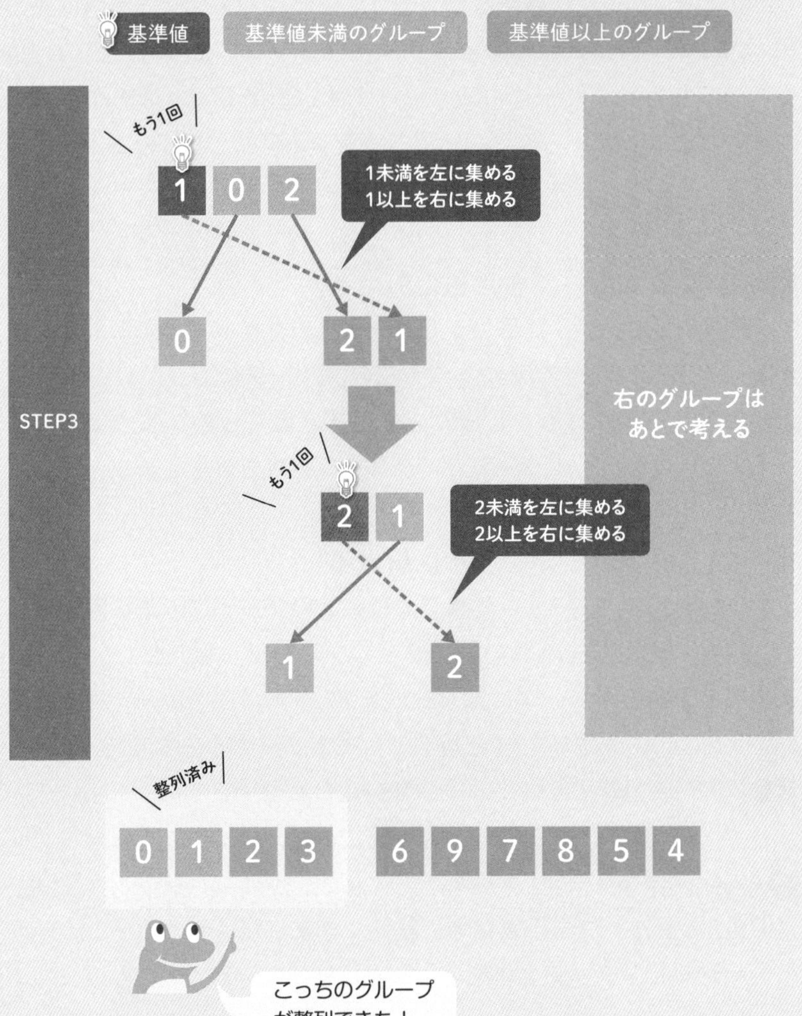

整列済み

0	1	2	3		6	9	7	8	5	4

こっちのグループ
が整列できた！

4以上のグループをさらに分ける

4以上のグループに注目しましょう。このグループの基準値は先頭の「6」なので、「6」未満の要素を左のグループに振り分け、「6」以上の要素を右のグループに振り分けます。基準の「6」は右のグループに入れます。どちらのグループも要素が2個以上あるので、さらに分けることができます。

6未満のグループをさらに分ける

6未満のグループに注目しましょう。このグループの基準値は先頭の「5」なので、「5」未満の要素を左のグループに振り分け、「5」以上の要素を右のグループに振り分けます。どちらのグループも要素が1個だけになったので、ここでグループ分けを終了します。

6以上のグループをさらに分ける

6以上のグループに注目しましょう。このグループの基準値は先頭の「9」なので、「9」未満の要素を左のグループに振り分け、「9」以上の要素を右のグループに振り分けます。9未満のグループは要素が3個あるので、先頭の「7」を基準としてさらにグループを分けます。最後に「8」を基準としてグループを分けたら終了です。

ソート完了

4以上のグループを小さい順に整列できました。前のページの結果と合わせると、データ全体を小さい順に整列できたことになります。

クイックソートのグループ分け（完了）

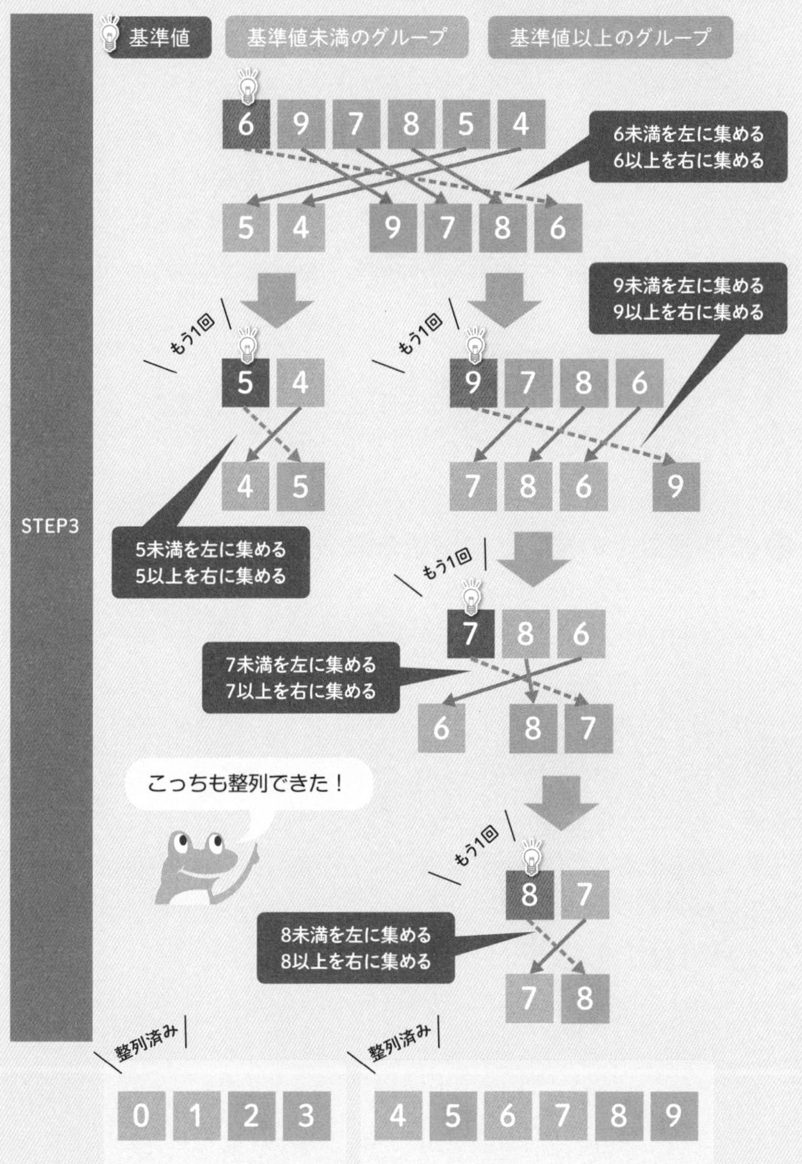

整列済み

0 1 2 3

整列済み

4 5 6 7 8 9

クイックソートの手順(STEP1 〜 STEP2)

具体例でクイックソートの手順が理解できたら、次はプログラムでグループ分けを行う手順を考えていきましょう。

グループ分けをするには、データをひとつずつ取り出して基準よりも小さいか大きいかを比較していく必要があります。そこで、基準値を覚えておく変数をp、グループの先頭の位置をleft、末尾の位置をrightとして、データの操作を表現することにしましょう。

基準の値を覚えておく

まず、基準値(leftの位置にある要素)をpに入れます。pは他の要素とひとつひとつ大きさを比較するために使います。

基準値以上の要素と基準値未満の要素を交換

次に、ループカウンタをiとして、p以上の値が見つかるまで左から右へ(leftからrightに向かって)探します。先頭を基準にすると決めたので、最初に見つかる位置はi = leftです。

同様に、別のループカウンタjを使って、p未満の値が入っている位置を右から左へ(rightからleftに向かって)探します。右の例では最初に見つかる位置はj = rightです。

見つかった要素(iとjが指す要素)を交換し、探索の範囲を狭めます(iを増やし、jを減らす)。この操作をiとjがぶつかるまで(i ≧ jになるまで)繰り返します。

クイックソートの手順（STEP1 ～ STEP2）

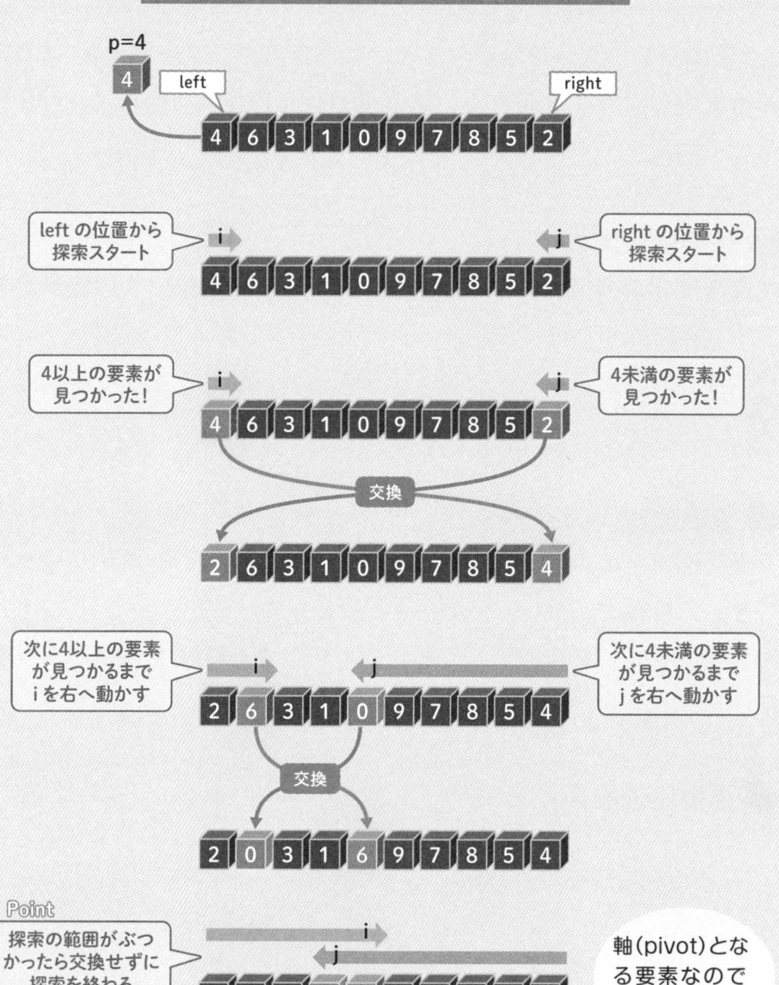

p=4

4

left　　right

4 6 3 1 0 9 7 8 5 2

left の位置から
探索スタート

i　　j

right の位置から
探索スタート

4 6 3 1 0 9 7 8 5 2

4以上の要素が
見つかった！

i　　j

4未満の要素が
見つかった！

4 6 3 1 0 9 7 8 5 2

交換

2 6 3 1 0 9 7 8 5 4

次に4以上の要素
が見つかるまで
i を右へ動かす

i　　j

次に4未満の要素
が見つかるまで
j を右へ動かす

2 6 3 1 0 9 7 8 5 4

交換

2 0 3 1 6 9 7 8 5 4

Point

探索の範囲がぶつ
かったら交換せずに
探索を終わる

i　　j

2 0 3 1 6 9 7 8 5 4

軸（pivot）とな
る要素なので
p と呼ぶよ

クイックソートの手順(STEP3)

1回のグループ分けが終わると、ループカウンタiの左側には基準値未満の要素だけが集まり、jの右側には基準値以上の要素だけが集まっています。

基準値未満のグループ

基準値未満のグループの範囲は、leftの位置からi－1の位置までです。この範囲を新しいグループとみなして、STEP1 ～ STEP2を行います。新しいグループの左端はleft、右端はright＝i－1になります。

基準値以上のグループ

基準値以上のグループの範囲は、j＋1の位置からrightの位置までです。この範囲を新しいグループとみなして、STEP1 ～ STEP2を行います。新しいグループの左端はleft＝j＋1、右端はrightになります。

再帰処理を続ける条件

グループ分けを続ける条件は、グループに2個以上の要素があることです。グループの要素数はright－leftと表せるので、right－left≧2（書き換えるとleft＜right）ならグループ分けを続けます。

クイックソートの手順（STEP3）

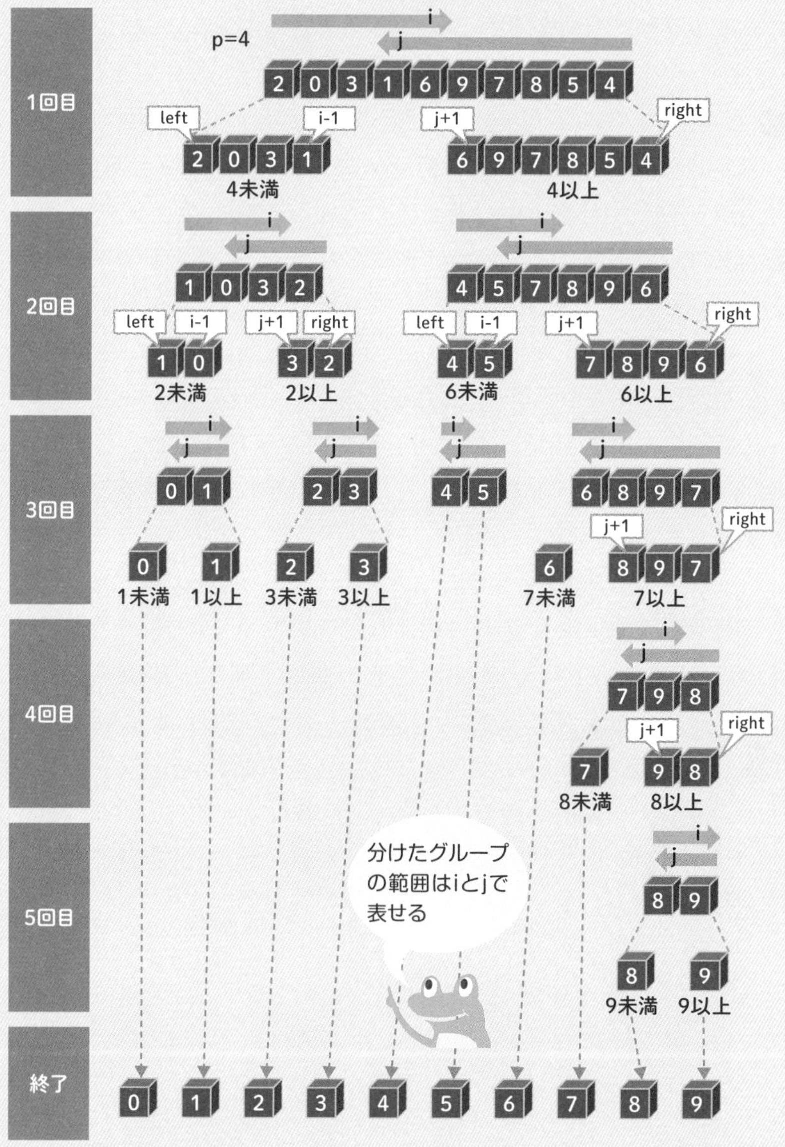

 クイックソートの流れ図(全体)

クイックソートの全体的な流れ図は右ページのようになります。

クイックソート関数

指定された範囲のデータをクイックソートで整列させる処理をクイックソート関数と名付けることにしましょう。クイックソート関数が受け取る引数は、整列させる範囲（どこからどこまで）を表すことから、left,rightとします。

まず、再帰処理を続ける条件left < rightを設定します（図❶）。次に、基準値（左端の要素）を変数pに保存し（図❷）、ループカウンタi,jを初期化します（図❸）。iはデータを左から右へ探索するカウンタなのでleft、jはデータを右から左へ探索するカウンタなのでrightを初期値にします。

i,j,pを使って要素をp未満のグループ（左）、p以上のグループ（右）に分けます（図❹）。この部分の流れ図は次のページで解説します。

グループ分けが終わったら、左右のグループそれぞれに再帰的にクイックソートを適用します。234ページで確認したように、左のグループの範囲はleftからi－1までなので、引数をleftとi－1にしてクイックソート関数を呼び出します（図❺）。右のグループの範囲はj＋1からrightまでなので、引数をj＋1とrightにしてクイックソート関数を呼び出します（図❻）。

クイックソートの流れ図（全体）

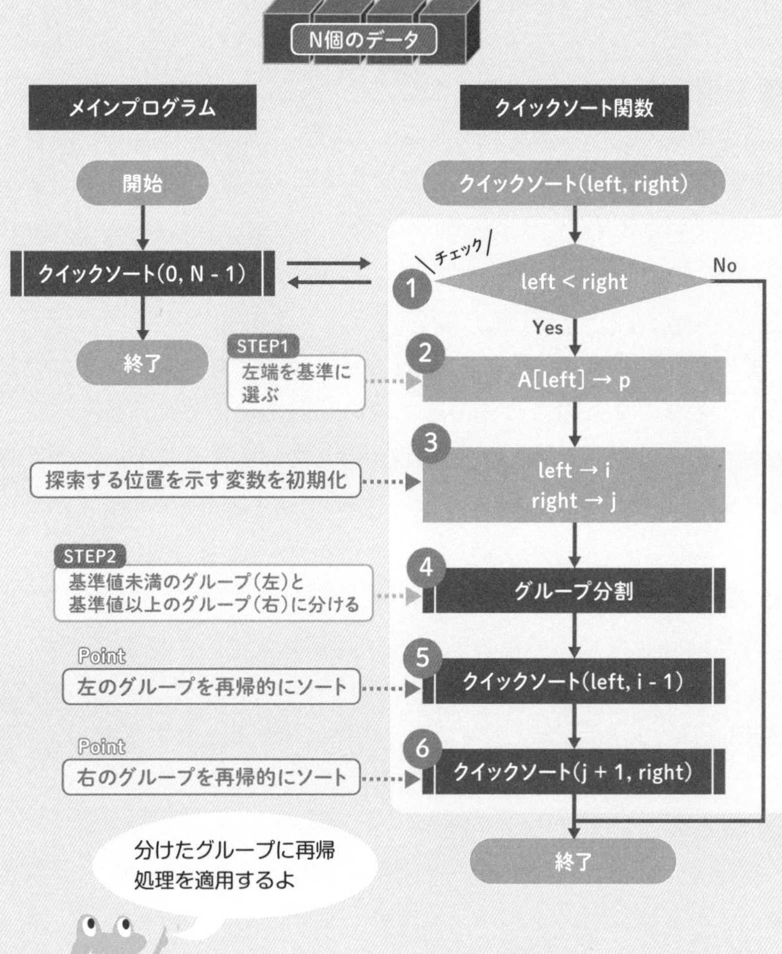

グループ分割の流れ図

グループを分割する流れ図は右ページのようになります。

要素を左と右から探索する

基準値p以上の要素を左から探し（図❷）、基準値p未満の要素を右から探し（図❸）、見つかったら交換する（図❺）。という手順を繰り返していきます。

基準値p以上の要素の探し方

逆の条件A[i] < pが成立したらi番目は探している要素ではないということなので、iを1つ増やして次の要素に行きます。条件が成立しなくなったら、そのときのi番目が探している要素だということになります。

繰り返しの終了条件

繰り返しが終わるのは探す範囲がぶつかったとき（i < jが成立しなくなったとき）です（図❹）。ぶつかったかどうかは論理型の変数k（初期値はtrue）に記録し、kがtrueの間は繰り返します（図❶）。

探索する範囲を狭める

図❺の交換によって、基準値未満の要素は左のグループへ、基準値以上の要素は右のグループへ移動します。交換を行ったら、iを1つ右に動かし、jを1つ左に動かして、残りの要素を探索する範囲を狭めます（図❻❼）。

グループ分割の流れ図

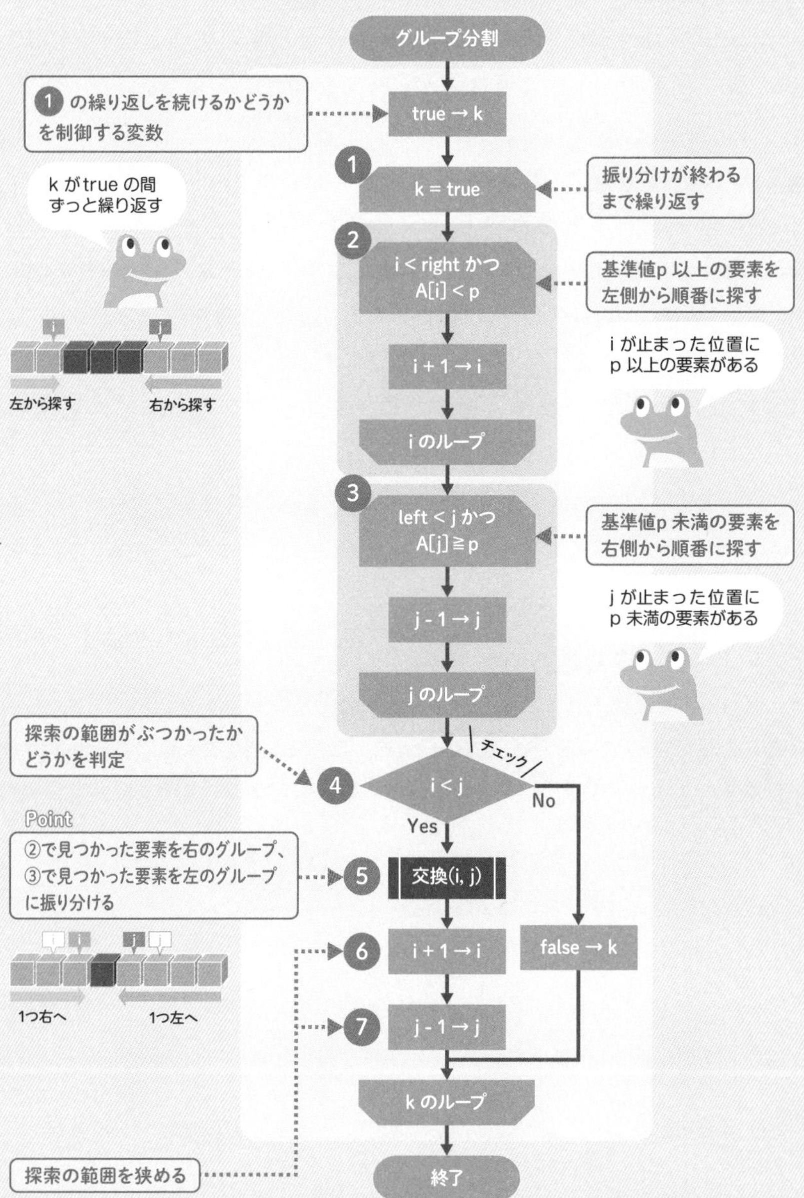
グループ分割
①の繰り返しを続けるかどうかを制御する変数
true → k
1
k = true
振り分けが終わるまで繰り返す
k がtrue の間ずっと繰り返す
2
i < right かつ A[i] < p
基準値p 以上の要素を左側から順番に探す
i + 1 → i
i のループ
i が止まった位置に p 以上の要素がある
左から探す
右から探す
3
left < j かつ A[j] ≧ p
基準値p 未満の要素を右側から順番に探す
j - 1 → j
j のループ
j が止まった位置に p 未満の要素がある
探索の範囲がぶつかったかどうかを判定
チェック
4
i < j
No
Yes
Point
②で見つかった要素を右のグループ、③で見つかった要素を左のグループに振り分ける
5
交換(i, j)
6
i + 1 → i
false → k
7
j - 1 → j
1つ右へ
1つ左へ
k のループ
探索の範囲を狭める
終了

クイックソートのプログラム

クイックソートのプログラムを疑似言語で記述すると右ページのようになります。丁寧に流れ図と照らし合わせましょう。

再帰処理を続ける条件

クイックソート関数はグループ分割を再帰的に繰り返しますが、繰り返すたびにグループの長さは短くなっていきます。最終的には要素が1個しかないグループになるので、そこで再帰処理を終わらなければなりません。234ページで確認したleft < rightという条件は、このことを表しています。そのため、クイックソート関数は処理部の全体をleft < rightの分岐で囲った形になります。

Column

フラグ変数

右ページのkのように、プログラムの中で設定した条件が成立したかどうかを記憶させるために使う変数のことを、旗（flag）に見立ててフラグと呼びます。フラグはYes/Noのどちらかを入れる場合が多いため、論理型（34ページ）がよく使われます。

クイックソートのプログラム

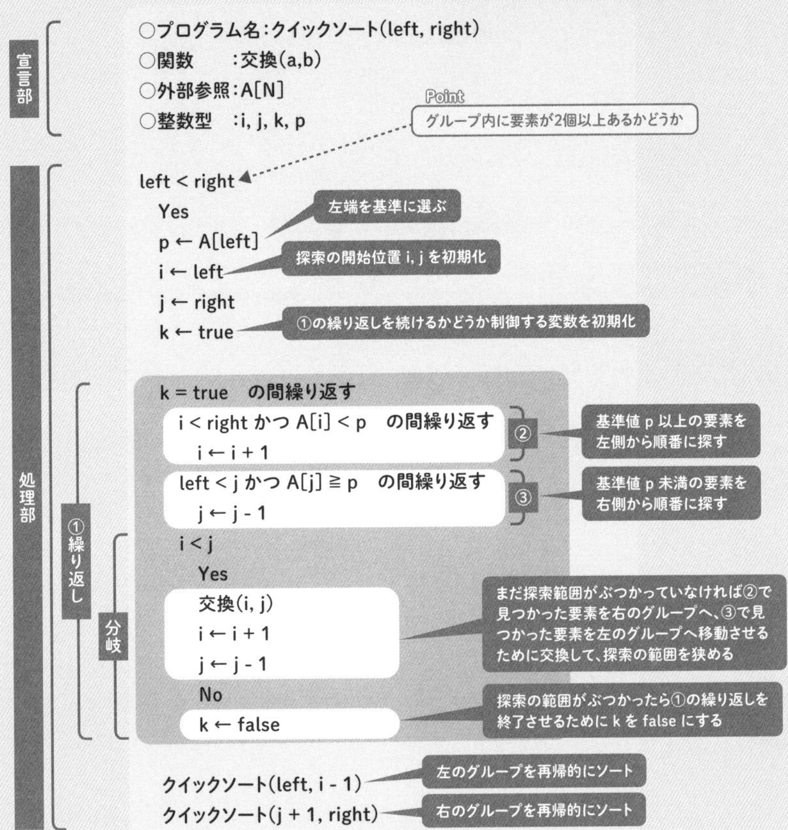

各種ソートの効率比較

n個のデータをソートする場合の処理効率を177ページでバブルソートと選択ソートについて比較しましたが、他のソートも一緒に比較すると次の表のようになります。

各種ソートの効率比較

アルゴリズム	平均計算時間	最悪計算時間	速さ
バブルソート	$O(n^2)$	$O(n^2)$	遅い
選択ソート	$O(n^2)$	$O(n^2)$	遅い
挿入ソート	$O(n^2)$	$O(n^2)$	遅い
シェルソート	$O(n^{1.25})$	$O(n \log^2 n)$	速い
マージソート	$O(n \log n)$	$O(n \log n)$	速い
ヒープソート	$O(n \log n)$	$O(n \log n)$	速い
クイックソート	$O(n \log n)$	$O(n^2)$	速い

表の中でOという記号はオーダー（Order）と読み、nが十分大きくなったとき計算量が何に比例するかを表します。たとえばバブルソートは177ページで確認したようにn^2に比例するので、$O(n^2)$と表します。

おわりに

近年、テレワークの導入や在宅ワーク需要を背景に、副業や転職を見据えてプログラミングを学びたいと考える人が増えているようです。しかし多くの方が「文法を勉強してもプログラムの組み立て方がわからない（自分で思いつくことができない）」という極めて本質的な悩みを抱えています。

本書でも解説していますが、プログラムは基本的なアルゴリズムを組み合わせて作るものであって、文法はアルゴリズムを記述するための道具に過ぎません。単語を暗記しても英会話ができないのと似ています。

ところが、世間一般にはアルゴリズムよりもプログラミングという言葉のほうが響きが良くてイメージがしやすいためか、未経験者や初心者ほどアルゴリズムを学ぶ機会に恵まれず、基本が理解できていないままプログラミングに挑戦して挫折する傾向が強いようです。

そこで、アルゴリズムにスポットライトを当てて、未経験者や初心者でも無理なく理解できる入門書を届けたいという思いで執筆させていただいたのがこの本です。

はじめてプログラミングの世界に触れた方も、いままでアルゴリズムを意識したことがなかった方も、本書を通じて「ものごとを論理的に考えて順序立てて組み立てていく楽しさ」を実感するとともに、プログラミング的な思考に馴染んでいただけたなら筆者として嬉しく思います。

中田　亨

2021年9月

索引

著者略歴

中田　亨（なかた　とおる）

1976年兵庫県高砂市生まれ 神戸電子専門学校 / 大阪大学理学部卒業。ソフトウェア開発会社で約10年間、システムエンジニアとしてWebシステムを中心とした開発・運用保守に従事。独立後、マンツーマンでウェブサイト制作とプログラミングが学べるオンラインレッスンCODEMY（コーデミー）の運営を開始。初心者から現役Webデザイナーまで幅広く教えている。著書に「ITエンジニアになる！　チャレンジPHPプログラミング」「Vue.jsのツボとコツがゼッタイにわかる本」「図解！　HTML&CSSのツボとコツがゼッタイにわかる本」「図解！　JavaScriptのツボとコツがゼッタイにわかる本　“超”入門編」（いずれも秀和システム）などがある。

レッスンサイト https://codemy-lesson.office-ing.net/

カバーイラスト　mammoth.

図解（ずかい）！
アルゴリズムのツボとコツがゼッタイにわかる本（ほん）

発行日　2021年 10月　5日　　第1版第1刷

著　者　中田（なかた）　亨（とおる）

発行者　斉藤　和邦
発行所　株式会社　秀和システム
〒135-0016
東京都江東区東陽2-4-2　新宮ビル2F
Tel 03-6264-3105（販売）　Fax 03-6264-3094
印刷所　三松堂印刷株式会社

ISBN978-4-7980-6505-2 C3055